AIRPORT
Construction and Management

航空港建设与管理

徐淑红　王永华　孙庆珍　◎著

北京大学出版社
PEKING UNIVERSITY PRESS

内 容 简 介

本书分为 7 章。第 1 章主要进行研究内容及其重难点分析。第 2 章主要界定航空港的概念，系统阐释公共产品理论、项目区分理论和萨瓦斯民营化理论等基础理论。第 3 ~ 4 章主要进行航空港建设现状与发展模式研究；选取典型案例，重点研究枢纽、干线和支线不同规模的航空港融资问题及其对策；针对影响航空港建设关键因素和航空港发展模式进行详细分析。第 5 ~ 6 章主要进行航空港运营管理研究；以航空港特许经营为核心，进行国外航空港特许经营对比研究，阐明我国特许经营存在的问题及其对策，构建航空港运营管理新模式。第 7 章进行航空港建设管理成与败研究；选取典型航空港，全面总结航空港建设管理成与败的经验教训，提出今后航空港建设管理的重点，以期为我国航空港建设与管理提供一定的理论支撑和实践指导。

本书适合土木工程、工程管理、土木水利和管理科学与工程等专业的高年级本科生和研究生选用，同时对从事航空港融资、建设、管理及基础设施投融资管理等行业的专业人员也具有一定的参考价值。

图书在版编目 (CIP) 数据

航空港建设与管理 / 徐淑红，王永华，孙庆珍著 . —北京：北京大学出版社，2023.9
ISBN 978-7-301-34269-5

Ⅰ . ①航… Ⅱ . ①徐… ②王… ③孙… Ⅲ . ①机场建设—教材 ②机场—运营管理—教材
Ⅳ . ① V351 ② F560.81

中国国家版本馆 CIP 数据核字（2023）第 142162 号

书 名	航空港建设与管理
	HANGKONGGANG JIANSHE YU GUANLI
著作责任者	徐淑红 王永华 孙庆珍 著
策 划 编 辑	吴 迪
责 任 编 辑	李瑞芳
标 准 书 号	ISBN 978-7-301-34269-5
出 版 发 行	北京大学出版社
地 址	北京市海淀区成府路 205 号 100871
网 址	http://www.pup.cn 新浪微博：@ 北京大学出版社
电 子 邮 箱	编辑部 pup6@pup.cn 总编室 zpup@pup.cn
电 话	邮购部 010-62752015 发行部 010-62750672 编辑部 010-62750667
印 刷 者	北京虎彩文化传播有限公司
经 销 者	新华书店
	787 毫米 ×1092 毫米 16 开本 14 印张 336 千字
	2023 年 9 月第 1 版 2023 年 9 月第 1 次印刷
定 价	50.00 元

前　言

航空港作为一种新兴朝阳产业，属于重资本、高产出产业，前期需要巨额投资，建成后需要精细管理，才能充分发挥其功能和效益。因此，如何建设并运营好航空港，使其社会效益和经济效益最大化就显得至关重要。本书正是基于以上思路，选取航空港建设与发展过程中两个关键因素——航空港建设投融资与航空港运营管理进行研究，以期对我国民航事业的发展有所裨益。

本书内容主要包括航空港概念界定及理论阐释、国内外航空港建设与管理对比研究和航空港建设管理成与败研究。本书的一大亮点是通过学术研讨模块的设置引导学生拓展理论知识涉猎，提升软件分析应用能力，尝试推动"教师讲授－专题研讨－学生探究"三步推进的研究性教学＋"文献阅读－工程实践"双重构建的研究性科研，进而有效提升学生的学术水平和研究能力。

本书通用性强，适合土木工程、工程管理等专业的高年级本科生和研究生选用，同时对从事航空港融资、建设、管理以及基础设施投融资管理等行业的专业人员也具有一定的参考价值。

本书由郑州航空工业管理学院徐淑红、王永华和孙庆珍勠力撰写。具体分工如下：徐淑红负责全书主要内容撰写，字数 23.6 万字；王永华负责撰写第 3 章和第 4 章部分内容，字数 5 万字；孙庆珍负责撰写第 6 章和第 7 章部分内容，字数 5 万字。

本书获得郑州航空工业管理学院研究生精品教材（2022YJSJC08）资助。同时，本书还借鉴并融合了河南省哲学社科规划项目——"空中丝绸之路"视域下航空港发展影响因素实证分析（2015BJJ014）、河南省高等学校青年骨干教师培养计划项目——"三区一群"视域下空港建设与区域经济发展研究（2017GGJS115）、郑州航空工业管理学院研究性教学教改专项项目——科教融合视域下研究生多元化研究性教学体系构建与实践（2022YJSYJ24）、郑州航空工业管理学院教育教学改革研究与实践项目——新工科背景下基于布鲁姆认知过程维度的深度学习评价研究（zhjy23-77）、横向课题——基于 GIS 和 VR 技术的基础设施施工管理的三维可视化仿真系统研究等相关研究成果。

本书参考了业内外诸多人士的论著，在此谨向他们表示真诚的感谢！由于作者水平有限，加之时间仓促，书中难免存在错误和不妥之处，敬请广大读者和专家批评指正。

2023 年 1 月

目 录

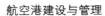

第 1 章

绪　论

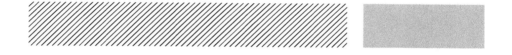

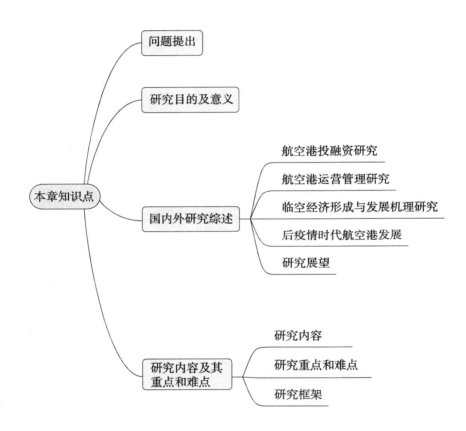

1.1 问题提出

2022 年 4 月 26 日，习近平总书记在中央财经委员会第十一次会议上强调，"基础设施是经济社会发展的重要支撑，要统筹发展和安全，优化基础设施布局、结构、功能和发展模式，构建现代化基础设施体系，为全面建设社会主义现代化国家打下坚实基础"。可见，基础设施对于我国经济社会发展和现代化建设具有举足轻重的作用和意义。随着我国经济发展水平的不断提高，全社会运输需求增加，航空运输作为现代交通体系中较为快捷的运输方式，受到了广泛欢迎。航空港作为航空运输的基础，已逐步成为国际及地区间的重要交通枢纽，其中以民用航空港为主导的各种上下游产业链发展尤为突出。航空港经济已经逐渐成为国家发展的新引擎，可以有效促进地区协同发展，战略地位显著。

与以往相比，我国航空港系统性、协同化、智能化等方面的发展水平有了显著提高，迫切需要创新投融资策略和先进的管理方式，需要进行航空港建设管理的业务模式、经营模式和营利模式的变革，从而为航空港建设、运营等各个环节提供科学的发展思路至关重要。

1.2 研究目的及意义

第一，系统研究航空港基础知识、核心理论，剖析航空港建设管理内因与外因等，为后续教学及科研等工作奠定坚实的基础。

第二，结合国内外航空港建设投融资和运营管理典型案例，针对影响航空港发展关键影响因素进行详细分析，有助于当地政府优化资源配置，对我国新兴航空港的建设和发展具有较强指导价值。

1.3　国内外研究综述

1.3.1　航空港投融资研究

1. 国外航空港建设融资研究

Gold B. P. 等（2000）指出，由于预计未来几十年全球客运量和航空货运量将大幅度增长，对新建和扩建航空运输设施的需求将超过各国政府以税收和使用费为此类发展提供资金的能力[1]；Bray D. 等（2013）认为，在航空港改扩建工程中，债券的有效发行可以增强民众对航空港扩建工程的关注度，并能更好地吸纳民间资本[2]；Mathur S.（2015）指出，民用航空港显著影响该地区经济发展，传统交通运输业高速扩张，有利于行业一体化的形成。借助航空运输，不仅可以令运输更加高效，而且可以巩固其多元化产业格局[3]。

国外航空港融资模式研究较为深入，众多专家学者指出了不同国家和地区航空港建设融资中设计的问题，也在多元化融资模式的探索上有了一定突破，民间资本进入航空港融资经营活动后，可以充分结合各地区的综合服务功能，提供有效的融资支持。各国根据不同的服务功能制定科学的融资方案，进一步发挥差异化融资体系在航空港融资经营活动过程中的作用。

国外航空港融资模式的研究，对本书研究我国大型民用航空港建设的融资模式有一定参考价值，提供了诸多思路。

2. 国内航空港建设投融资研究

生颖洁等（2006）系统研究我国民用机场融资模式的演变、现状及存在的问题，并在此基础上立足我国国情，借鉴国外经验，确定了适合我国民用机场的目标融资模式[4]；孙久文等（2013）通过分析航空港建设面临的巨大资金需求，得出传统投融资活动难以保证资金供给的结论[5]；沈兰成等（2015）通过分析美国、英国、日本等国外民用机场投融资的几种主流模式，对我国机场融资从政策制定、产权配置等提出建议[6]；刘亚伟（2016）在总结北京新机场融资案例启示和经验的基础上，为我国民用机场建设融资提供了相关策略参考[7]；沈兰成（2017）从建立业务经营权和投资项目分类规则、适合本航空港发展要求的准入标准和程序、市场管理机制、安全运行标准及考核监管机制、合理有效的退出机制5个方面详细剖析了机场 PPP 模式[8]；符平宏（2018）分析了现阶段机场的融资结构及优缺点，认为中国机场的融资模式已由过去的以国家财政资金为主逐步转变为以机场自有资金为主、国家财政资金为辅的融资模式[9]；张春霞等（2021）认为投融资活动在企业中要做出科学、合理的投融资决策是每一个企业管理者和股东所面临的最为棘手的问题[10]。

结合上述学者分析，我国航空港投融资模式的发展现状和国外相比还有较大差距。其明显的不足表现为：航空港规划前瞻性不足、航空港发展不平衡、资本化运作效率低等。除北京首都国际机场（简称首都机场）、上海浦东国际机场（简称浦东机场）、深圳宝安国际机场（简称宝安机场）、海口美兰国际机场（简称美兰机场）等几家航空港上市成功外，其他航空港仍处于以债券融资为主的现状，资本市场活跃程度不高，融资资本总额有限；虽然国家为中国民用航空业的对外开放做出努力，鼓励外商投资建设民用航空港，但体制壁垒难以突破。我国航空港仍为国有控股，专业化运营程度低。国有控股可能导致外资在航空港建设或后期运营中缺少话语权，境外投资者积极性较差。

1.3.2 航空港运营管理研究

国外学者很早以前就开始对航空港运营效率进行研究，研究内容比较宽泛，所选取的研究角度也比较全面，几乎涵盖了不同角度对航空港运营效率的影响，如 R. R. Pacheco 等（2003）通过分析巴西民用航空港市场化的发展过程，采用数据包络分析（Data Envelopment Analysis，DEA）模型对巴西 58 个民用航空港运营绩效进行测算。研究内容分别考虑了财务效率和经营效率，并进行了独立的评价和分析[11]。

张越等（2006）基于全要素指数分析，认为我国机场运营效率的提高主要依赖基础设施的扩建，生产经营技术进步指数呈下降趋势，运营效率与规模的关系尚不明确[12]；都业富等（2006）选择 DEA 模型分析机场运营效率，并以财务指标作为输入变量，相关指标的选取值得借鉴[13]；杨秀云等（2013）运用随机前沿分析（Stochastic Frontier Approach，SFA）模型，对我国民用机场技术效率、技术进步及其影响因素进行相关测算，研究发现各个机场效率存在差异，且研究期内各个机场的整体效率没有得到明显提高[14]；徐爱庆等（2015）在传统 DEA 模型的基础上增加了时间维度，构建了复杂系统动态网络 DEA 模型效率评价模型，并拓宽了传统 DEA 模型的适用范围[15]；华何等（2022）选取长江三角洲 16 个机场的 2015—2019 年的面板数据，将碳排放量和旅客投诉数量作为非期望产出指标研究，刻画出机场全要素生产率的时空特性[16]。

1.3.3 临空经济形成与发展机理研究

McKinley Conway（1980）早在 1965 年提出"航空综合体"（Airport Complex）的概念，即以航空港为核心，综合开发集航空运输、物流、购物、休闲、工业等多项功能于一体的大型机场综合体；在 1970 年提出"航空城"（Airport City）的概念，即围绕国际航空港为中心布局诱发型、关联型、依赖型产业，以航运服务作为其重要经济支柱进行整体规划的发展区，综合了商业、生产制造、国际交流、休闲购物、居住等多功能的共同发展圈[17]。Kasarda J D.（2008）认为航空港枢纽地区将成为区域人力、贸易与信息的重要承载方式，并提出"航空城"（Aerotropolis）的概念，从宏观视角分析了航空都市区形成原因[18]。

在此基础上，微观层面的要素研究也逐渐丰富。剑桥系统研究所研究认为，航空港市场定位、区域经济、交通运输可达性和城市土地开发模式等，影响了航空港近邻地区土地开发时序、规模和特征。然而，一些学者对航空都市区发展前景存疑，认为能源供给、重大基础设施建设、出口通道等会影响航空都市区长期可持续发展，进而使航空都市区未来发展存在更多不确定因素。国外航空港发展历史表明，新航空港建设及扩建引发了较为强烈的公众反对呼声，对于航空港引发的城市化发展一直是争论焦点。

张蕾等（2012）[19]、谭淑霞等（2012）[20]和龚峰等（2012）[21]归纳出航空港经济和临空经济相关概念、形成与发展机理、产业特征、产业空间格局、空港经济影响五大领域研究，评述了国内外空港经济、临空经济的相关研究进展；曹允春等（2013）总结了临空经济发展的六大关键要素，提出了临空经济的五大发展模式[22]；马亚华等（2013）利用中国 35 个大中型城市 1997—2011 年的面板数据，实证研究了空港与城市经济之间的长期因果关系[23]；高友才等（2017）从时空两个视角探究了临空经济与区域经济的耦合机理，即两系统整体呈"U"形耦合结构[24]；解冰玉等（2018）利用 2005—2015 年中部 6 省 25 个地级市的面板数据，将航空港的工作量作为临空经济发展的唯一指标，构建固定效应模型研究了临空经济对区域经济发展的影响，研究结果表明：航空港对地区生产总值总量的贡献率是 0.083%、对地区人均 GDP 的贡献率是 0.064%，且有显著的正向影响[25]；马同光等（2018）以我国部分枢纽机场、干线机场和支线机场的临空经济为研究对象，采用市、区县级面板数据模型研究影响临空经济发展的相关因素，结果表

明：航空客流、技术创新、基础设施建设水平、人力资本对临空经济有正向作用 [26]；曹允春等（2022）采用 GIS 技术，运用圈层分析法、多距离空间聚类分析方法和热点分析法，以首都机场临空经济示范区为例，对区内产业的空间布局特征及其驱动因素进行了系统分析，其研究结果表明：机场规模、各企业临空指向性强度、交通的可达性、机场的功能区分区、机场管制等，都对首都机场临空经济示范区产业的空间结构演变产生一定的影响 [27]。

1.3.4 后疫情时代航空港发展

新型冠状病毒疫情的暴发是航空运输领域前所未有的事件。从外部环境上来看，包括航空港在内的航空业对宏观经济具有高度依赖性。

Sun X. 等（2020）认为新型冠状病毒疫情对国际航班的影响比国内航班要大得多 [28]；Serrano F. 等（2020）认为新型冠状病毒疫情已经袭击了世界大部分国家及地区，并导致许多行业停滞不前。这导致了行动限制和旅行禁令。由于这些限制，运输业尤其是航空运输业受到了严重影响 [29]。

褚春超等（2020）认为，在目前经济下行压力较大叠加疫情影响的背景下，各级财政收支矛盾将进一步凸显，也影响到交通基础设施的财政资金投入，因此要千方百计稳定并拓宽交通建设资金来源渠道，充分发挥交通建设投资对经济托底的重要作用 [30]。

胡进（2020）从长期做好国际合作战"疫"准备、顺势应对国际市场竞争演变、抓住国际大型枢纽超车领先契机、增强数字化与经营服务深度融合等方面进行了后疫情时代国际航空运输应对策略研究 [31]。

从实践层面看，疫情暴发后，国内需求和生产骤减，投资、消费、出口均受到明显冲击，旅游、贸易等与航空港相关的产业受影响更大。一方面，据中华人民共和国文化和旅游部统计，2021 年中国旅行社组织出境旅游人数为 0.94 万人次，较 2020 年减少了 340.44 万人次，同比减少 99.72%；另一方面，2020 年受疫情严重影响，国内旅游人次下降至 29 亿人次，旅游收入下降至 2.23 万亿元，分别同比大幅下降 52.1% 及 61.1%。由于疫情持续，旅游业普遍亏损，一些中小型旅游企业有可能出现大面积亏损甚至倒闭。即使疫情结束，恢复、培育航空市场也需要较长时间和较大投入。

1.3.5 研究展望

在全球化浪潮中，区际交流趋于频繁，新经济时代的来临推动了航空港从传统交通运输枢纽向全球生产、商业活动重要节点的转型，使航空港及其周边地区成为区域快速增长的活力区域。当前，在国内掀起新一轮航空港建设热潮的背景下，航空港建设管理研究具有十分广阔的前景。基于国内外航空港文献回顾与梳理，当前国内航空港建设与管理研究亟须拓展以下内容。

第一，加强航空港双重属性研究。航空港在不同国家及地区，可能形成差异化特征类型，且相应的演化路径必然有所不同。在不同国家及地区经济发展状况迥异的背景下，如何优化航空港建设与管理政策建议，更需要对航空港的双重属性有较为系统的认知和科学的界定。

第二，注重案例研究。基于不同规模航空港研究视角，选取诸多案例，进行航空港发展模式、特许经营模式研究，为航空港经济优化发展提供较为务实的发展思路，也为管理者提供决策参考。

1.4　研究内容及其重点和难点

1.4.1　研究内容

本书主要从以下 3 个方面展开研究。

第一，航空港概念界定及理论阐释。首先，界定航空港概念及属性等内容；其次，梳理汇总公共产品理论、项目区分理论和萨瓦斯民营化理论等理论发展脉络；最后，对航空港发展影响因素和发展模式进行分析。

第二，国内外航空港建设与管理对比研究。一方面，以枢纽、干线和支线不同规模的航空港为研究对象，进行其建设融资问题及其对策研究；系统总结孟菲斯模式、法兰克福模式、仁川模式、史基浦模式，进行国内外典型航空港发展模式研究。另一方面，总结分析美国、英国等国家在航空港特许经营等领域的经验，重点分析我国航空港特许经营发展存在的问题及其成因，并在此基础上科学构建未来我国航空港运营管理模式。

第三，航空港建设管理成与败研究。选取亚特兰大机场、勃兰登堡机场，全面总结航空港建设管理成与败的经验教训，提出航空港建设管理应重点把握科学合理规划、政府定位需明确、注重分块分类融资和做好制度顶层设计 4 个关键内容，以期为我国航空港建设与管理提供一定的理论支撑和实践指导。

1.4.2　研究重点和难点

本书研究重点和难点包括以下两个方面。

第一，航空港建设与管理理论梳理。全面阐述公共产品理论、项目区分理论和萨瓦斯民营化理论等对航空港建设与管理的指导作用。

第二，航空港特许经营对比研究。系统研究美国、英国等国家在航空港特许经营等领域的经验教训，重点分析我国航空港特许经营发展存在的问题及其成因。

1.4.3 研究框架

研究框架如图 1-1 所示。

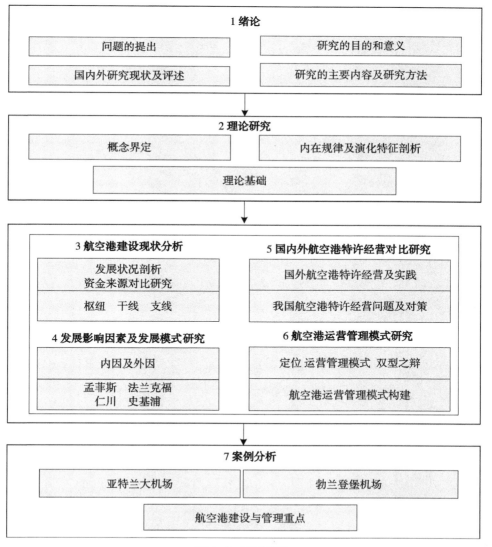

图 1-1 研究框架

第 2 章

航空港建设与管理理论研究

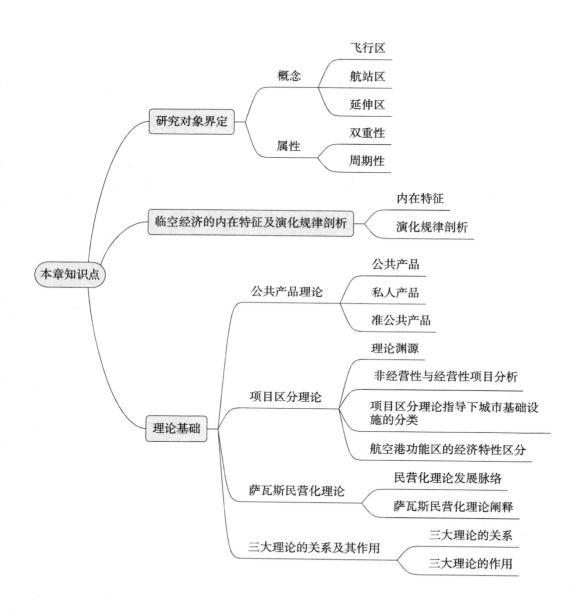

2.1　研究对象界定

2.1.1　概念

航空港（Airport）即空港、机场[①]，是指用于飞机起飞、着陆、停放、维护和组织安全飞行的场所。简单而言，航空港是航空飞行器起飞和降落的空间载体，是航空运输的枢纽或门户。

根据国际民用航空组织的规定，航空港按照功能大体上划分为：飞行区、客运站区、货运站区、航管及助导航设施区、其他支援辅助设施区五大功能区域，简单总结为飞行区、航站区和延伸区三大区域（图2-1）。虽然每个区域具备相应功能，但是又不能独立存在，需要相互协调配合，共同保障航空港的安全与高效运行。

1. 飞行区

飞行区是指供飞机起飞、着陆、滑行和停放的场地，主要包括跑道、滑行道、停机坪、航管及助导航设施区等区域。

飞行区等级（或称飞行区指标），由飞行区指标Ⅰ和指标Ⅱ进行分级，用"数字＋字母"来表示其等级（表2-1）。第一部分是数字，即飞行区跑道的各类飞机中最长的基准飞行场地长度——跑道长度，分为4个等级（用数字1～4表征），

[①]　本书中对航空港、空港、机场3个词的使用，在含义上没有差别。

"4" 表示 1800m 以上；第二部分是字母，即飞行区跑道的各类飞机中最大翼展或最大主起落架外轮外侧边的间距——起飞和降落的飞机的翼展，分为 6 个等级（用字母 A～F 表征），从 A 到 F 越往后越大。飞行区等级可以向下兼容，例如我国航空港最常见的 4E 级飞行区（如波音 747、空中客车 A340 等）常常用来起降国内航班最常见的 4C 级飞机（如波音 737、空中客车 A320 等）。

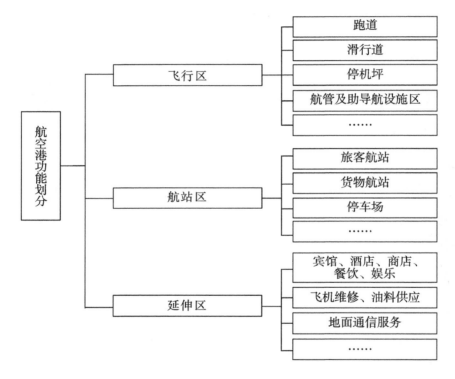

图 2-1　航空港功能分区界定

表 2-1　飞行区等级划分

飞行区指标 I	飞机基准飞行场地长度（m）	飞行区指标 II	翼展（m）
1	$L<800$	A	$WS<15$
		B	$15 \leqslant WS<24$
2	$800 \leqslant L<1200$	C	$24 \leqslant WS<36$

飞行区指标 I	飞机基准飞行场地长度（m）	飞行区指标 II	翼展（m）
3	$1200 \leqslant L < 1800$	D	$36 \leqslant WS < 52$
4	$L \geqslant 1800$	E	$52 \leqslant WS < 65$
		F	$65 \leqslant WS < 80$

注：飞行区等级的国际标准由国际民用航空组织（ICAO）发布的《国际民用航空公约》进行规范，中国执行性文件为《民用机场飞行区技术标准》，该标准于 1985 年首次发布，2000 年、2006 年、2013 年和 2021 年各修订了一次。

2. 航站区

航站区是航空运输业务（旅客和货物运输）的陆、空交换区域的统称，由旅客航站、货物航站、机坪、航站区管制中心、供应服务设施、航站交通及停车场等区域组成。

旅客航站是含有办理各种手续的设施、联结飞行的设施、联结地面交通的设施及各类服务性、商业性设施的营运机构，是供旅客完成从地面到空中或从空中到地面转换交通程序的场所。小型航站分为单层流程、步行登机的单层或两层建筑物，中型以上航站分为一层半流程或两层流程的低层建筑物。

货物航站是含有货物的交运和提取、分拣、编码、储存、发送的营运机构。它的主要功能是用精确的手段将需要运送的货物及时装上航线上的飞机，或从飞机上卸下到站的货物。货物航站主要由货物收发分拣区、高架的集装箱和散件储存库、管理和控制机构、陆侧或市侧的交货提货部分和空侧的装卸 5 部分组成。

3. 延伸区

航空港除飞行区和航站区外，还包括延伸区。它主要包括宾馆、酒店、商店、餐饮、娱乐，以及飞机维修、油料供应、地面通信服务等设施。

2.1.2 属性

1. 双重性

（1）公益性。

公益性定位出现于航空运输业发展的早期，现在许多国家的中小型航空港仍采用这种定位。这类航空港投融资由政府负责，产权归政府所有，由政府直接管理或组织航空港当局对航空港进行管理。航空港雇员作为国家工作人员，不得随意解雇。航空港不以营利为目的，仅仅为航空公司和公众提供公正良好的竞争环境和服务，航空港的亏损由政府进行补贴。公益性航空港的运营更多是为满足国家或行业整体的需要。

在基于航空港是公益性基础设施的认知中，航空港的功能单一，基本上以满足航空公司的业务需求为主；收入来源主要是起降费和向航空公司收取的设施使用费和服务费，同时为保证整个行业的运转和发展，航空港对航空公司的收费价格往往低于成本；航空港的亏损由政府补贴。

以国防、开发边远地区经济需求以及保证普遍服务体现社会公平为出发点而建设运营的小型航空港，往往只能依靠航空性业务收入，而较低的吞吐量使得航空性业务收入很难弥补航空港运营成本。这种航空港更多地呈现公益性的特征，即通过牺牲自身利益为实现国家政治经济目标提供无偿服务。

（2）收益性。

随着航空运输业的发展，航空港的规模不断扩大，所需的建设资金越来越多，而完全通过行政手段管理航空港，制约了航空港的经营，使航空港亏损现象严重。同时，随着对航空港收益性认识的深入，航空港的商业化运营日益受到重视。

航空港的功能由单一化向多功能发展；服务对象从航空公司、旅客、货主扩展到当地居民及相关行业；与此同时，航空港产权出现多元化，由单一的国有向政府、企业及私人多方拥有转变；运营方式也向商业化、企业化拓展。

收益性航空港与公益性航空港的最大不同是其充分开发航空港的商业功能，在保障基本航空性业务的基础上，通过多元化的经营扩展航空港收入来源，特别是非航空性收入来源。例如，具有一定吞吐量的航空港，由于规模经济的存在，可以取得较多的航空性业务利润，更重要的是这类航空港通过商业性开发，可以取得更为可观的非航业务收入，从而使航空港更多地呈现出收益性的特征。收益性的航空港定位，其最终目的是减少政府财政负担，提高航空港运营效率，增强航空港的自我发展能力，促进智慧民航的健康发展。

综上所述，一方面，航空港的准公共产品特性、极强正外部性和一定的基础产业属性构成航空港的公益性，航空港的投资和建设往往体现了政府行为；另一方面，航空港具有典型的自然垄断属性，有着较为稳定的航空性收入和非航空性收入，即收费性，又构成航空港的收益性。进入 21 世纪以来，我国地方政府把航空港建设作为改善区域经济环境的一种手段，更多看重航空港的原生效应、次生效应、衍生效应和永久性效应，而相对较少地从微观层面考虑航空港的盈利情况，致使航空港投资规模越来越大、运营管理越来越复杂，从而引发了航空港的巨额资金需求和势在必行的运营管理模式改革。航空港的双重属性界定如图 2-2 所示。

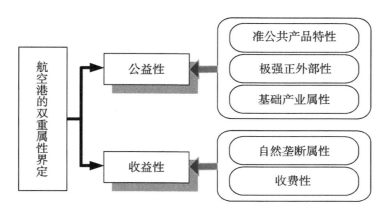

图 2-2　航空港的双重属性界定

2. 周期性

航空港业是资金密集型行业，建设资金投入巨大。一般而言，航空港建设投资规模巨大，同时在一定区域内不存在重复建设的经济可行性。也就是说，资本沉淀大、规模经济性、生命周期长和范围经济效应等因素，会导致航空港自然垄断的产生和进入壁垒。尤其是仅运营支持航班起降所对应的传统航空性业务，存在显著的产能周期，即每当新增航站楼及跑道资产建成投产，航班、旅客量方才开启上行之路，收入增长不及人工、折旧等成本的增加，业绩出现低谷；此后随着业务量不断提高，收入增长快于成本增加，业绩不断走高，直至业务量再次接近瓶颈，收入增长逐渐不及人工、折旧等成本的增加，业绩放缓甚至出现小幅下滑，而此时开始航空港改建扩建，逐步开工建设直至投产，进入下一个产能周期。特别是当前，枢纽、干线航空港的新建、改扩建项目投资动辄上百亿元（人民币），如北京大兴国际机场新建机场项目投资 800 亿元、重庆江北国际机场扩建项目投资 270 亿元、贵阳龙洞堡国际机场三期扩建项目投资 189 亿元等。尤其是航空港投入运营后，一般 5～8 年就要进行再次扩建，形成一种被动性滚动式投资的状况。

建设投资周期性和产能周期性加重了航空港的资金负担，增大了航空港建设与管理的复杂性。

2.2 临空经济的内在特征及演化规律剖析

航空港建设与管理和临空经济内在特征及其演化规律密切关系。

2.2.1 内在特征

1. 技术先导性

临空经济发展的产业多为技术附加值高的高新技术型产业，这类产业的产品普遍具有知识密集度高、对时间敏感度高、单位产品的运输费用承载能力较强、易于运输、对航空运输需求量大等特点；同时，具备先进技术的产业可以通过知识溢出效应带动相关产业升级，因此临空经济在技术上具有一定的先导性。

2. 时间敏感性

由于高新技术产业产品的发展速度快，大量先进技术的运用使得产品开发周期大幅缩短，进而使得产品生命周期不断缩短，变化频繁且竞争激烈，这类时间敏感性产品对产品向市场的投放时间有着严格的要求。而信息的快速流通、消费者需求的快速变化，使得对产品时效性的需求压力会通过市场机制传导给供应商，如果创新技术应用没有及时进行实体化生产，没有将新产品第一时间向市场投放并抢占市场先机，技术的创新效益就不能发挥作用。因此，激烈的竞争环境、市场的提前饱和改变了企业对配套生产区位和运输方式的选择，航空运输的可达性、时效性受到了企业的青睐，航空港周边的临空经济区成为企业布局的首选。

3. 临空指向性

航空港的出现直接或间接地影响了临空经济的产业在航空港周边集聚化发展，临空经济的起步及发展与航空港的发展紧密相关。随着航空运输技术和知识经济的迅猛发展，单位产出所需消耗的原材料和能源已经大幅下降，使得运输成本在产品总生产成本中的比重日益降低，由此推动经济活动突破了原有的要素资源对企业生产区位选择的羁绊。特别是高新技术产业，由于高新技术产业不再像传统产业那样依靠资源决定产业的区位布局，更多的是依靠丰富的知识资源、便捷的交通条件和完善的公共服务，以大学、科研机构为核心。结合高科技产品"按需生产"、便于航空运输等特点，需要全球性的分销和采购，对交货周期的时效性要求严格，只有依靠航空物流的分拨和集散能力才能保证企业全球化生产的需要。因此，这类产业具有较强的临空指向性需求和特点。

2.2.2 演化规律剖析

从现有研究来看，临空经济的演化规律根据时间节点分为五大发展阶段：准备阶段、成长阶段、成熟阶段、瓶颈阶段和航空城开发阶段。

五大发展阶段的特征分析见表2-2。五大发展阶段的主要产业分布情况如图2-3所示。

表2-2　五大发展阶段的特征分析

阶段	特征
准备阶段	航空港或者航空港的功能与区域经济的结合比较弱，临空产业除为航空港服务的航空服务业外，以传统的制造业为主，航空枢纽指向性较弱
成长阶段	航空网络覆盖面扩大，航空港综合性增强，临空经济区内的高新技术产业的比重迅速上升，产业的航空枢纽指向明显强化，航空港功能与所在区域的融合性加强，临空经济的外向型产业逐步占据主导地位
成熟阶段	现代服务业和高新技术产业共同成为临空经济区的主要产业，航空制造业和航空服务业结合成为航空产业集群，复合型的航空枢纽功能与区域经济完全融合，成为区域经济的增长点
瓶颈阶段	区域内土地价格上涨迅速，空间拥挤，无序竞争，以及生产、生活质量下降等问题出现，产生挤出效应，部分企业转移，经济发展速度减缓
航空城开发阶段	在空间上极度膨胀，在功能上完备齐全。这一时期内空间结构和产业布局均有很大变化，伴随空间布局产业呈梯度扩散

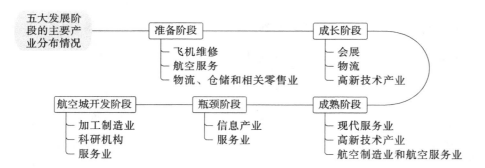

图2-3　五大发展阶段的主要产业分布情况

1. 准备阶段

在临空经济发展的准备阶段，航空港或者航空港的功能与区域经济的结合比较弱，临空经济产业除了为航空港服务的航空服务业外，以传统的制造业为主，航空枢纽的临空指向性较弱。不过，该阶段城镇化进程速度较快，依托的城市已经有能力成为地区城市群的输出、中转和接收终端，具备本地区城市群中发展极的条件或已经成为发展极。这一时期为了加快建设，临空经济区一般会大量使用各种税收和土地优惠政策，从而使得此阶段航空港对地方政府的财政贡献极其有限。

需要说明的是，此阶段通常情况下区域内仅包括飞机维修、航空服务、物流、仓储和相关零售业，虽然能够增加一些工业产值，创造一些就业机会，但其对城市和周边区域的集聚效应和辐射并不明显。此外，准备阶段临空经济区的发展主要依靠外商投资和地方政府的投资拉动，而这将占用大量的地方经济资源，对母城其他地区的发展有一定程度的抑制作用。概括来说，在准备阶段，临空经济区与母城区域之间更多的是一种"索取和依赖"的关系。

2. 成长阶段

在临空经济发展的成长阶段，航空网络覆盖面扩大，航空港综合性增强，临空经济区内的高新技术产业的比重迅速上升，产业的航空枢纽的临空指向性明显强化，航空港功能与所在区域的融合性加强，临空经济的外向型产业逐步占据主导地位。

具体来看，当临空经济区的配套设施逐渐完善，大量相关产业集聚在临空经济区开始发展时，产业集聚的"外部经济效应"和基础设施的"规模经济效应""乘数效应"日益凸显，这将降低区域内的航空运输成本和企业生产成本，进一步促进相关产业的发展，带动区域内经济的增长和就业岗位的增加。同时，在成长阶段，临空经济区逐渐演变为母城区域新的增长极，区内会展、物流和高新技术产业的发展将进一步促进相关产业的发展，创造更多的就业机会，发挥经

济辐射和扩散作用。在此阶段，航空港凭借其强大的扩散和集聚效应吸引大批相关企业集中在其周边地区，航空港的影响力日益加剧，在临空经济区的发展过程中，临空指向性产业开始占据主导地位。

由于临空指向性产业集聚程度和数量都比较有限，因此无法实现极化效应和溢出效应，对周边地区的影响较小，与上下游产业联系较少，产业链不稳定。

3. 成熟阶段

在临空经济发展的成熟阶段，现代服务业和高新技术产业共同成为临空经济区的主要产业，航空制造业和航空服务业结合成为航空产业集群，复合型的航空枢纽功能与区域经济完全融合，成为区域经济的增长点。

区域内产业结构不断优化，企业种类多样化，实现集群效应。由于高新技术产业具有生命周期短、市场变化快、产品体积小、附加值高等特点，以及政府优惠政策促进了高新技术产业的聚集和研发机构的建立，柔性生产方式得以实现，促进了这一阶段产业链更加稳固、辅助产业多样化。由于核心产业不断聚集，对商务环境和辅助产业提出更高要求并吸引部分市区相关企业的进驻，甚至引来大型跨国公司的进驻以及总部经济出现。总部经济带来数量巨大的上下游产业，在加强经济腹地发展的同时，为临空经济的进一步壮大提供了有力的支撑，并最终形成了一个集研发机构、高科技制造业、现代物流产业、临空指向性产业和现代服务业于一体的共同发展的完备系统。随着临空产业的各种前向、后向、侧向产业链条不断升级，一个成熟的临空经济区将以其强大的辐射和溢出效应加速带动整体区域经济的发展。

4. 瓶颈阶段

在这个阶段，部分企业转移，经济发展速度减缓。随着临空经济的不断发展，区域内土地价格迅速上涨，空间拥挤，无序竞争，以及生产、生活质量下降等问题出现，对所有企业均产生了强大的挤出效应。跨国公司总部或其生产基地普遍实力很强，在航空港周边从事生产活动带来的正效应，如信息、技术的频繁交流，创新能力提高，新技术的传播，远远大于挤出效应造成的负面影响，外迁可能性不大；对于其他辅助产业来说，比如餐饮、娱乐、购物等服务业，企业本身实力不强，加之大量聚集在一起造成的激烈竞争，挤出效应造成的成本上涨已经超过了聚集所获得的正效应，所以部分企业开始外迁，并最终引起大量企业外迁。由于大量企业外迁，造成税收的减少和人力资本的流失，降低了经济发展速度，影响了航空港竞争力，导致经济发展出现瓶颈。尽管企业外迁属于市场自身调节的正常现象，但是不利于区域长期发展，急需政府统一规划，结束政府"守夜人"角色并通过积极的政策扶持发挥调控作用。

5. 航空城开发阶段

这个阶段在空间上极度膨胀，在功能上完备齐全。这一时期内空间布局产业呈梯度扩散。由于服务对象、运输方式、成本指向等特点，决定了临空指向性产业紧邻航空港布局的特点。加工制造业和科研机构与临空指向性产业联系紧密，但临空指向性不强，分布距离较远。辅助产业分布在最外围，主要包括以通信、金融、物流、会展、贸易、电子商务以及法律咨询等为主的现代服务业；以社区、餐饮、休闲、旅游、房地产、商品零售为主的个人消费服务业；以政府公共管理、基础教育、医疗保健等为主的公益性服务业。从而形成了同时拥有基础产业、主导产业和配套产业的功能完备、空间布局合理的大型航空城，并成为最有利于发挥增长极带动作用的发展阶段。

通过大力发展航空城及临空经济，不仅有利于培育新的经济增长点，提升和优化产业结构，推进发展方式的转变，增加就业和税收，而且有利于建设综合交通体系，优化城市空间布局，提升城市和区域整体竞争力。对航空港当局来说，通过大力发展航空城，有利于增加非航空性收入，改善航空港财务状况，塑造航空港竞争优势。特别是在当今不断发展变化的经济背景下，航空港当局要维持财务平衡，迫切需要寻找一个可行的商业模式。根据国际机场协会（Airports Council

International，ACI）的报告，随着航空港房地产的发展，以及酒店、会议室、写字楼及停车设施的出现，航空城所产生的收益已成为非航空性收入的重要来源，从而有助于支持昂贵的航空港基础设施投资，并降低航空运输成本。

国内三类航空港临空经济发展分析见表 2-3。

表 2-3　国内三类航空港临空经济发展分析

类型	所处阶段	主要特点	举例
全国性枢纽型航空港	成长阶段后期	该类航空港所依托的城市竞争力很强，都是比较有影响力的国际大都市，与国内外其他城市联系紧密，对航运服务要求很高，当地政府很早就开始关注航空港临空经济的发展，临空经济园区初具规模，已经成为区域性增长极，对周边地区的带动能力和经济贡献较突出	北京首都国际机场上海浦东国际机场
地区性枢纽型航空港	成长阶段前期	该类航空港依托优越的地理位置，希望成为区域内航空港发展的龙头，以便更多地得到政府政策支持和稀缺资源来发展航空港周边的临空经济，从而增强城市竞争力	郑州新郑国际机场大连周水子国际机场
辅助型航空港	准备阶段	由于经济腹地和依附的城市竞争力较弱，航空港服务条件有限，且在激烈的竞争环境中没有特殊的优惠政策，该类航空港发展临空经济的条件还不成熟	南宁吴圩国际机场兰州中川国际机场

2.3　理论基础

2.3.1　公共产品理论

公共产品理论是新政治经济学的一项基本理论，也是正确处理政府与市场关系、政府职能转变、构建公共财政收支、公共服务市场化的基础理论。公共产品理论的主要发展脉络如图 2-4 所示。

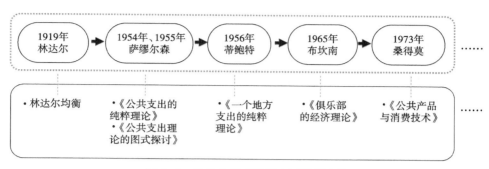

图 2-4　公共产品理论的主要发展脉络

公共产品理论表明，社会生产的经济物品根据其消费特征可以分为公共产品（也称纯公共物品，Public goods）、私人产品（Private goods）和准公共产品（也称混合品，Quasi-public goods）三大类别[32]。

根据排他性与竞争性的强弱，公共产品、私人产品与准公共产品的划分情况如图 2-5 所示。具体来看，依据公共产品理论，通过非排他性和非竞争性两个特征，可以将不同的物品分为公共产品、私人产品和准公共产品。同时具备两个特征的是公共产品，比如国防、不拥挤也不收费的公路；两个都不具备的是私

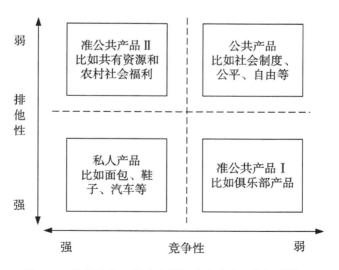

图 2-5　公共产品、私人产品与准公共产品的划分情况

人产品，比如食品、衣服、拥挤且收费的公路；具备其中之一的是准公共产品，比如有线电视、不拥挤但收费的公路。在现实生活中，真正的纯公共产品很少，大多数都是介于纯公共产品和私人产品之间的准公共产品。

1. 公共产品

（1）公共产品的定义。

公共产品是具有非排他性和非竞争性的产品。美国经济学家萨缪尔森对纯公共产品的定义是："每一个人对这种产品的消费，并不能减少任何他人对该产品的消费。"弗里德曼说："我主张将它定为这样一种产品，它一旦被生产出来，生产者就无法决定谁将得到它。"生产者在技术上无法排斥那些不付费而享用该产品的人，或者排斥的成本高到使排斥他成为不经济的事情。这里，萨缪尔森和弗里德曼分别强调了公共产品的非竞争性（Nonrival）和非排他性（Nonexclusion）。

（2）公共产品的特征。

一般而言，公共产品具有以下 3 个特征。

第一，效用的不可分割性。公共产品的效用只能整体提供，不可分割提供。也就是说，公共产品的供应只能在保持其完整性的前提下，由众多的消费者共同享用。例如，国防、交通警察给人们带来的安全利益是不可分割的。

第二，受益的非排他性。公共产品在消费过程中所产生的利益不能被某些人独占，在一些人消费的同时，无法把其他人排斥在消费过程之外。

具体来看，非排他性是指某些产品投入消费领域，任何人都不能独占专用，而且要想将其他人排斥在该产品的消费之外，不允许其享受该产品的利益，是不可能的。如果产品所有者一定要这样做，则要付出高昂的费用，因此是不合算的。例如，在环境保护中，清除了空气、噪声等污染，为人们带来了新鲜的空气和安静的环境，如果要排斥这一区域的某个人享受新鲜的空气和安静的环境是不可能的。

第三，消费的非竞争性。一部分人对某种产品的消费不会影响其他人对该产品的消费；一部分人从这种产品中受益不会影响其他人从这种产品中受益；受益对象之间不存在利益冲突。

具体来看，非竞争性有两方面含义。一方面，边际成本为零。这里所说的边际成本是指增加一个消费者对供给者带来的边际成本，如增加一个电视观众并不会导致发射成本的增加。另一方面，边际拥挤成本为零。每个消费者的消费都不影响其他消费者的消费数量和质量。如国防、外交、立法、司法和公安、环保、工商行政管理，以及从事行政管理的各部门所提供的公共产品都属于这一类，不会因该时期增加或减少了一些人口而变化。此类产品增加消费者不会减少任何一个消费者的消费量，增加消费者不增加该产品的成本耗费。它在消费上没有竞争性，属于利益共享的产品。

公共产品的三大特点如图 2-6 所示。

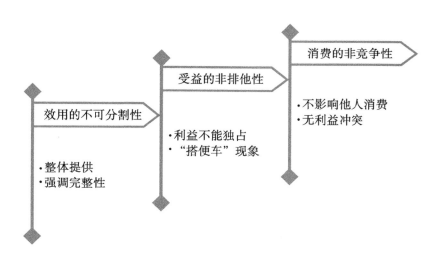

图 2-6   公共产品的三大特点

可见，公共产品具有效用的不可分割性、受益的非排他性和消费的非竞争性，即具有公共消费的性质，也就是说在消费这类产品时，消费者只能共享，而

不能排斥任何人享用。公共产品不仅包括物质产品，还包括各种公共服务。所以除可供公共消费的物质产品外，政府为市场提供的服务包括政府的行政和事业方面的服务也是公共产品。这就是说，广义的公共产品既包括物质方面的公共产品，又包括精神方面的公共产品。

2. 私人产品

与公共产品相反，私人产品是指具有效用上的可分割性、消费上的竞争性和受益上的排他性的产品。具体来看，效用的可分割性是指产品可以分割为许多能够买卖的单位，而且其效用只能对为其付款的人提供；受益的排他性是指排除那些没有付费的人消费该产品的能力；消费的竞争性是指一种状态，即如果某个人消费某种产品，其他人就不能再消费该产品。

私人产品的特点如图 2-7 所示。

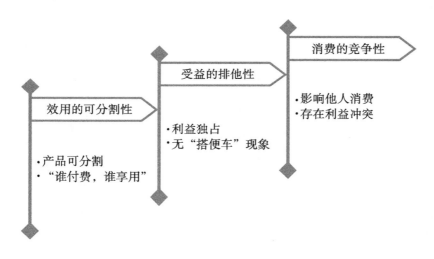

图 2-7　私人产品的特点

在生产产品方面，竞争性意味着市场应该提供这种产品，因为只要允许市场以某种价格提供竞争性产品，就可以确保人们在做出生产和使用产品的决策时，适当地考虑成本和收益。将竞争性产品留给市场，可以提高经济效率。排他性意味着市场愿意提供这种产品。总之,对私人产品来说,市场应该并且愿意提供这种产品。

3. 准公共产品

相对而言,公共产品和私人产品是社会产品中的两极事物。现实中,纯粹的公共产品和纯粹的私人产品都比较少,大量的是兼有部分公共产品特征和私人产品特征的准公共产品。这类产品通常只具备上述两个特征中的一个,而另一个则表现为不充分。准公共产品的特点如图 2-8 所示。

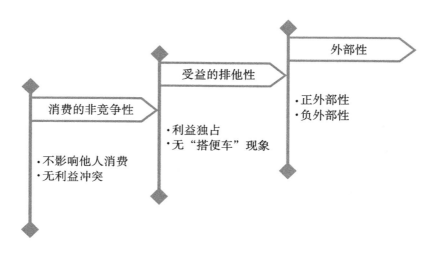

图 2-8　准公共产品的特点

具体来看,准公共产品或者是一种扩大了受益范围的私人产品,较之私人产品,它具有部分的非竞争性和非排他性;或者是一种限定了受益范围的纯公共产品,较之公共产品,它具有部分的竞争性和排他性。可见,准公共产品是"非竞争性与排他性组合"的产品系统,可以适应从公共产品到私人产品的连续集合上的任意一点。从整体来讲,准公共产品不能同时具有非竞争性和非排他性,否则它就成为纯公共产品。同样,准公共产品也不能同时具有竞争性和排他性,否则它就成为私人产品。既然准公共产品兼具公共产品和私人产品的属性,那么根据

其所具有的两种产品属性的不同组合状况，可将其分为以下两类。

（1）非拥挤性公共产品。

非拥挤性公共产品又称公共资源、共同资源或公共池塘资源物品，这类准公共产品在具有公共产品非竞争属性的同时，也具有私人产品排他的属性，即在具有非竞争性的同时，也具有排他性。例如，公园在游客没有超过一定数量的条件下，游客的增多并不会影响原有游客的效用水平，即公园的消费具有非竞争性；但公园可设置围墙或栏杆，或增加检查次数等，将不买门票者拒之门外，即其消费也具有排他性。教育和影院等，都属于这种类型的准公共产品。

（2）拥挤性公共产品。

拥挤性公共产品又称俱乐部产品，这类准公共产品在具有公共产品非排他属性的同时，也具有私人产品的竞争属性，即具有非排他性的同时，也具有竞争性。例如公有的草场。由于草场公有，所以大家都可以到草场放牧，即草场具有非排他的属性。但是如果超过草场的载畜量，草场的使用就具有了竞争性。诸如公海的渔业资源和生活小区的健身设施等，都属于这种类型的准公共产品。

公共产品、私人产品和准公共产品的基本特征及供应方式，见表2-4。

表2-4　三大类别产品的基本特征及供应方式

类别	基本特征	供应方式	实例
公共产品	共同消费 具有外在利益 消费不易排他	政府提供 政府投资	绿化、城市道路等
私人产品	单独消费 没有外在利益 消费易于排他	市场提供 直接向消费者收费	电信设施、电力设施、自来水设施等
准公共产品	单独消费 具有外在利益 消费易于排他	政府提供或政府资助市场提供 政府投资或直接收费	航空港、教育、收费性高速公路等

2.3.2　项目区分理论

1. 理论渊源

上海市城市发展信息研究中心在《上海市政、公用基础设施投融资发展战略研究报告》中提出指导城市基础设施建设的项目区分理论,该理论的核心是严格区分经营性项目和非经营性项目。该报告建议把经营性项目放入社会,吸纳多元投资;而政府只投资于非经营性项目建设,在财力不足进行举债时,建立长效举债建设机制,做到理性举债建设[32]。

2. 非经营性与经营性项目分析

项目区分理论是指先将项目按照其经济属性的不同区分为不同的类别,即非经营性与经营性,然后根据各个分类的经济特征来确定项目的投资主体、融资方式、运作模式、资金渠道、风险分配、收益分配、项目的建设工作如何安排,以及如何进行日后的运营和维护工作等。

一般而言,非经营性项目投资主体由政府承担,按政府投资运作模式进行,资金来源应以政府财政投入为主,并配以固定的税种或费种加以保障,当然其权益也归政府所有。但是在投资的运作过程中,也要引入竞争机制,按招投标制度进行操作,并需要提高投资决策的科学性、规范性,促进投资效益的进一步提高。经营性项目则属于全社会投资范畴,其前提是项目必须符合城市发展规划和产业导向政策,投资主体可以是国有企业,也可以是民营企业,包括外资企业等,通过公开、公平竞争的招投标模式,其融资、建设、管理及运营均由投资方自行决策,所享受的权益也理应归投资方所有。但是在价格制定上,政府应兼顾投资方利益和公众的承受能力,采取"企业报价、政府核价、公众议价"的定价方法,尽可能做到公民、投资方、政府三方都满意。不同类型的基础设施经济特性不同,其可市场化程度也存在显著差异,而市场化程度将直接影响其建设供给模式的选择。

项目区分理论的关键知识点，见表 2-5。

表 2-5 项目区分理论的关键知识点

内容	投资主体	运作模式	资金渠道	权益归属	说明
非经营性项目	政府	政府投资运作	财政投入为主，固定税（费）种为辅	政府	考虑引入竞争机制
经营性项目	社会	公开、公平、竞争的招投标模式	多元投资	各投资方	企业报价、政府核价、公众议价

3. 项目区分理论指导下城市基础设施的分类

在非经营性项目和经营性项目两大类的基础上，其中经营性项目又可按照有无收益或收益大小细分为纯经营性项目和准经营性项目。依据项目区分理论，将城市基础设施细分为纯经营性城市基础设施、准经营性城市基础设施和非经营性城市基础设施三小类。根据项目的性质设计项目融资中投资结构、运作模式的选择、资金来源的渠道及权益的最终归属。项目区分理论下城市基础设施的分类，如图 2-9 所示。

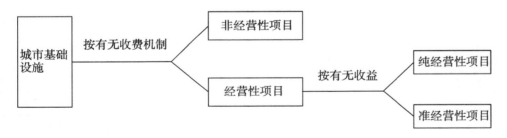

图 2-9 项目区分理论下城市基础设施的分类

项目区分理论指导下的城市基础设施具体分类情况，见表 2-6。

表 2-6 项目区分理论指导下的城市基础设施具体分类情况

类别	特征	实例
非经营性项目	无收费机制	绿化、敞开式道路、防洪抗震设施等
纯经营性项目	通过市场机制进行收费	供电设施、排污设施、通信设施等
准经营性项目	有一定收费机制，但收回成本较困难	航空港、供水管网、能源管网、污水管网等

（1）非经营性城市基础设施。

非经营性城市基础设施一般是指无收费机制、无资金流入的城市基础设施。建设这类城市基础设施的目的主要是获取社会效益和环境效益，市场无法或者难以对这类城市基础设施进行自动调节，产品或服务的供给主要依靠政府财政资金支持，但随着直接受益群体经济实力的改善，也可以通过政府主导、受益主体参与的方式进行建设和运营维护。例如城市绿化、城市敞开式道路等。

（2）纯经营性城市基础设施。

纯经营性城市基础设施是指城市基础设施的竞争性和排他性越强，社会外部效应越弱，规模经济性越强，其可市场化程度会相对越高，对民间资本的吸引力会越强。这类城市基础设施项目属于普通建设项目，可以由市场进行调节配置，其产品或服务的供给可以通过市场化方式运作，政府提供一定的政策和资金支持即可。例如供电设施、排污设施、通信设施等。

（3）准经营性城市基础设施。

准经营性城市基础设施是指具有一定竞争性和排他性的城市基础设施，其社会外部效应较强，又具有一定的规模经济性，其可市场化程度达到一定水平，从而对民间投资会具有一定的吸引力。这类城市基础设施是具有一定的收费机制和资金流入，且具有潜在利润的公共项目。但由于政策和定价等问题，可能存在无法收回成本的情况。因此，这类基础设施是公益性和收益性的混合体。由于它不具有明显的经济效益，无法完全依靠市场机制配置资源，需要通过政府财政资金的支持（适当的补贴或政策性优惠等）维持项目的建设运作，同时也可通过政策引导民间资本介入，通过公私合作模式（也称 3P 模式）提供不失为有效的方式。例如地铁、火车等。

4. 航空港功能区的经济特性区分

依据项目区分理论指导下城市基础设施类型中"两大类三小类"的项目划分方式，进一步研究航空港功能区的经济特性区分之间的关系。

（1）飞行区。

飞行区的项目主要包括跑道、滑行道、停机坪等，这些都属于公益性项目，其特点是投资回收期限长、项目寿命长、投资额大、财务盈利状况不佳（起降服务收入往往不能弥补初始投资的折旧、运行维护费用等成本）等。所以，应首先考虑政府投资或者组建新的空港公司进行投资，并且在政府规定的经营收费标准下出现运营亏损时，争取政府的财政补贴。

（2）航站区。

航站区的项目主要包括航站楼、停车场、货运中心等，具有经营性的特征，是盈利性很强的优质资产，相比而言，投资回收期限短、财务盈利状况良好，对此类项目可采用股份制的方式进行融资，即成立股份公司，吸引民间投资或者外资作为投资主体，实行市场化、商业化经营。

（3）延伸区。

延伸区的项目主要包括酒店、餐饮、娱乐休闲、油料供应、地面通信服务等设施，是空港的配套和延伸，具有明显的竞争性特点，由于其特殊的地理位置和稳定的客货流往往可以获得良好的投资收益，故应进行彻底的市场竞争，允许各类资本进入。空港可以通过出售特许经营权来获取利益，也可以通过直接参与市场竞争来获取利益。

航空港功能区的经济特性与投融资选择构成情况，见表2-7。

表2-7　航空港功能区的经济特性与投融资选择构成情况

功能区	建设项目	经济属性	盈利能力评价	投融资选择
飞行区	跑道、滑行道、停机坪	公益性	差	政府投资或者组建新的空港公司进行投资
航站区	航站楼 停车场 货运中心	经营性	好	股份制，成立股份公司，吸引民间投资或者外资作为投资主体

续表

功能区	建设项目	经济属性	盈利能力评价	投融资选择
延伸区	酒店、餐饮、娱乐休闲、油料供应、地面通信等	竞争性	不确定	空港可以通过出售特许经营权来获取利益，也可以通过直接参与市场竞争来获取利益

2.3.3　萨瓦斯民营化理论

1. 民营化理论发展脉络

20 世纪 70 年代末，西方发达国家，如美国、日本和一些欧洲国家因为财政困难、公民压力以及新的信息技术的发展等，不少国家纷纷开始将市场机制引入政府公共服务之中，实行公共服务市场化与社会化改革，掀起了一场以民营化为主要形式的"政府再造"工程。民营化理论发展脉络如图 2-10 所示。

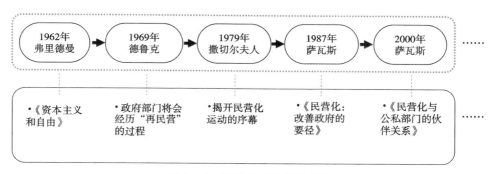

图 2-10　民营化理论发展脉络

世界航空港的民营化浪潮，不仅有着广泛的实践基础，而且有着强有力的理论支撑。传统理论认为，航空港属于典型的自然垄断产业。自然垄断产业具有投资规模大、投资回收期长、资产专用性强、沉没成本大、规模经济和范围经济非常显著等特点。因此，自然垄断产业只能由独家企业或极少数企业垄断经营才能保证其经济效益。但由于垄断经营企业具有相当大的市场垄断力量，如果由私人企业经营，在利润最大化的商业原则下，它们必然会通过制定垄

断高价，把一部分消费者剩余转化为生产者剩余，以获取垄断利润，从而损害消费者利益。因此，自然垄断产业应该由国有企业垄断经营，以应对这种市场失灵。

20世纪70年代以来，随着政府管制经济理论的形成和发展，许多学者从理论上证明，国有企业垄断经营往往使现实的生产效率大大低于在现代科学技术支持下可能达到的最大生产效率，从而造成巨大的效率损失，具体表现为自然垄断产业的成本与价格高，产品与服务质量低。要改变这种低效率状况，就必须打破国有企业垄断经营的格局，尽可能运用市场竞争机制。因此，应该把自然垄断产业中原有的国有企业改造成为股份制民营企业。同时，对自然垄断产业实行放松管制政策，允许民营企业进入自然垄断产业，逐步使民营企业成为自然垄断产业的经营主体，在特定自然垄断产业形成多家企业竞争经营的格局，从而实现自然垄断产业的成本、价格不断下降，产品与服务质量不断提高，最终提升企业的国际竞争力。

2. 萨瓦斯民营化理论阐释

（1）理论渊源。

萨瓦斯教授对"民营化"课题的研究具有明确的阶段性。早期萨瓦斯从更为广泛的角度提出"民营化应作为政府提供公共服务的有效替代方案"的观点，并以著作的形式予以较为系统的阐述[33]。其中，《民营化：改善政府的要径》（1987）一书引起了激烈的论战，反对民营化的声音此起彼伏。英国学者维克斯和亚罗基于英国民营化推行的现状，在《民营化的经济分析》一书中提出了对民营化有效性的质疑。为回应这些质疑，萨瓦斯从具体公共服务和区域两个维度进一步提出"民营化是必要且紧迫的替代方案"的观点，并将其系统化为《民营化的必要性》一文，于1991年发表在《福特汉姆城市法律评论》中。该文对民营化必要性的理据做出了详细阐述，是其具有代表意义的破局之作，随后发表的系列论文均是以此论文的理论为基础，进一步充实民营化的具体架构与策略，并最终形成了《民营化与公私部门的伙伴关系》（2000）。在该书中，萨瓦斯阐述了推进民营化的理由，即民营化能够保障公共产品生产率持续地改善与提升。他认为，政府即使能够提升公共产品供给效率，但这也是暂时的。之所以有这样的反差，是因为政府服务具有垄断性，而民营化会孕育竞争环境。与垄断环境相比，竞争环境更能提供高质量且低成本的公共产品与服务。实现竞争环境的理想途径应该是让市场主体与政府部门相互竞争，这一途径的有效性在美国部分地区、加拿大和英国的实践中业已得到证明，并指出在纽约开展民营化的时机也已成熟。萨瓦斯民营化理论产生的历程，如图 2-11 所示。

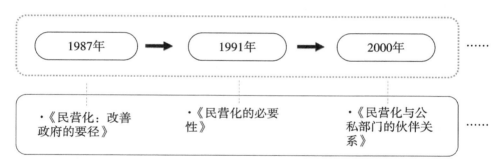

图 2-11 萨瓦斯民营化理论产生的历程

（2）民营化的概念。

民营化的字面意思是指将公共部门所有的资产归还给私营部门，严格地说可以称为民资化，也有人认为民营化政府利用私营部门来提供和完成公共政策，改进公共服务的质量。萨瓦斯提出的民营化的概念指"更多依靠民间机构，更少依赖政府来满足公众的需求"，即政府部门利用市场或私人部门（包括营利和非营利）参与公共服务的生产及其输送的过程。一般通过契约外包、业务分担、共同生产或解除管制等方式，将政府部分职能转由民间部门经营，政府需要承担业务监督、绩效监管等责任。

（3）民营化动力。

萨瓦斯认为，民营化运动的主要推动力量可以分为现实压力、经济、意识形态、商业等方面的动力和平民主义的影响。具体来看，有以下 5 种力量宣传和鼓励民营化的发展。

第一，讲求现实。通过民营化可以为社会提供成本－效益更好的公共服务。政府的任务是掌舵而不是划桨。因此，民营化只是恢复了政府原有的功能，即把握好方向，而划桨则依靠民间私有领域。

第二，支配私有财富。随着经济的发展，个人财富日渐增加，人们对政府的依赖程度逐渐减弱。他们希望得到更好的教育、医疗服务、居住环境等，而且当他们相信自己有能力达到这些目的时，民营化是一个途径。

第三，意识形态驱使。民营化有助于削减政府无所不在的干预和过问，促进民主的健康成长。

第四，追逐商业机会。民营化有助于运营管理效率提升，如带来更好的效益和更大的商机。

第五，向往平民社会。基层组织将权力回归民众，才是目的所在。而民营化恰恰可以帮助他们朝着这个方向努力。

民营化动力分析，如图 2-12 所示。

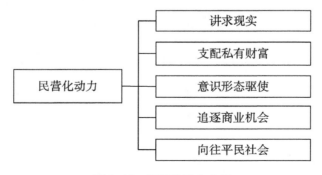

图 2-12　民营化动力分析

（4）民营化方式。

萨瓦斯根据自己的经验，把民营化的方式分为以下 3 种。

一是委托授权，要求政府持续、积极地介入。其通常通过合同承包、特许经营、补贴、法律授权等形式来实现。

二是撤资，即放弃某一企业、某一职能或某一资产。这个相对于委托授权来说是一次性工作。

三是政府淡出，即政府逐渐被民营部门取代。其通常以民间补缺、政府撤退和放松管制等形式来实现。

对于民营化的分析要坚持静动结合，即为民营化战略奠定理论基础的是提供公共产品和服务的制度安排，属于静态分析；而对于民营化方式的探讨则属于动态分析，即如何实现从依赖政府的制度安排向更多依靠私营部门的制度安排过渡。

民营化的 3 种方式，如图 2-13 所示。

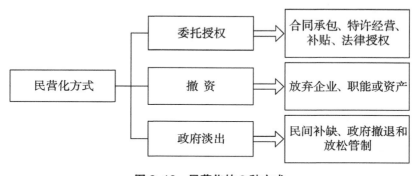

图 2-13　民营化的 3 种方式

民营化的主要作用从以下两个角度来看。

一是从经济发展角度看。一方面，民营化可以降低政府开支、减轻债务、调动社会上的积极因素；另一方面，民营化又可以开拓政府的财源，它的实施可以

为外资打开方便之门，从而加速经济的发展。民营化也有助于减少政府对经济的干预，增强企业界的信心。

二是从社会效益的角度看。一方面，民营化可以弥补政府的不足，提供政府由于种种原因无法提供的基础设施；另一方面，民营化有助于较为迅速地增添或者扩充政府服务的项目，有助于赢得公众对政府的更多支持，有利于构建和谐社会。

2.3.4 三大理论的关系及其作用

1. 三大理论的关系

公共产品理论和项目区分理论在某种程度上具有一定的一致性，有明显的非竞争性和非排他性的纯公共产品，对应无收费机制的非经营性项目，例如绿化、敞开式道路等；有不完全的非竞争性或非排他性的准公共产品，对应有一定收费机制但收回成本困难的准经营性项目，例如供水管网等；有消费的竞争性和排他性的私人产品，对应通过市场机制进行收费的经营项目，例如通信设施等。而萨瓦斯将民营化理论基础建立在公共产品和服务的两个基本特征之上（即类似于公共产品的非排他性与非竞争性），提出了民营化的方式。所以，公共产品理论和项目区分理论在一定程度上为萨瓦斯的民营化理论的发展和完善提供了理论基础。

2. 三大理论的作用

总体来讲，航空港具有公益性和收益性的双重属性，它既要提供公共服务，满足公共利益，又要取得一定的经济效益，从而能够维持自身的建设和发展。也正是因为航空港兼具公益性与收益性、垄断性与竞争性，这就使得在进行航空港建设与管理时，应根据航空港不同功能区域的不同特征和性质，采取不同的模式。

公共产品理论是基础，可以明确航空港各区域属性，政府和企业分工合作，有效促进航空港建设；项目区分理论为航空港投融资提供了方向，使政府和企业各尽所能，各司其职，从而使航空港提高了管理效率，同时根据航空港具体的项目属性，采取不同的融资方式；萨瓦斯民营化理论具有指导作用，实行民营化可提高航空港的运营和管理水平，为社会公众提供高质量的航空运输服务，满足人们日益提高的航空运输需求。此外，民间资本的介入对于减轻财政压力，及时筹集资金加速航空港建设等方面都将起到积极作用。

2.4　本章小结

本章明确了航空港的概念、属性、内在特征及演化规律等内容，清晰地界定了研究对象和演化规律；汇总与整理了公共产品理论、项目区分理论和萨瓦斯民营化理论，为后续研究奠定了坚实的理论基础。

学术研讨

（1）通过对本章的系统学习，请全面总结所学到的三大理论相关知识。建议从发展脉络、作用及你感兴趣的方面谈及（不少于 2 点阐释）。

（2）整理全球航空港吞吐量前 20 名排名资料，从中分别选取一家国内和国外代表性航空港，总结其成功经验。

第 3 章

航空港建设现状分析

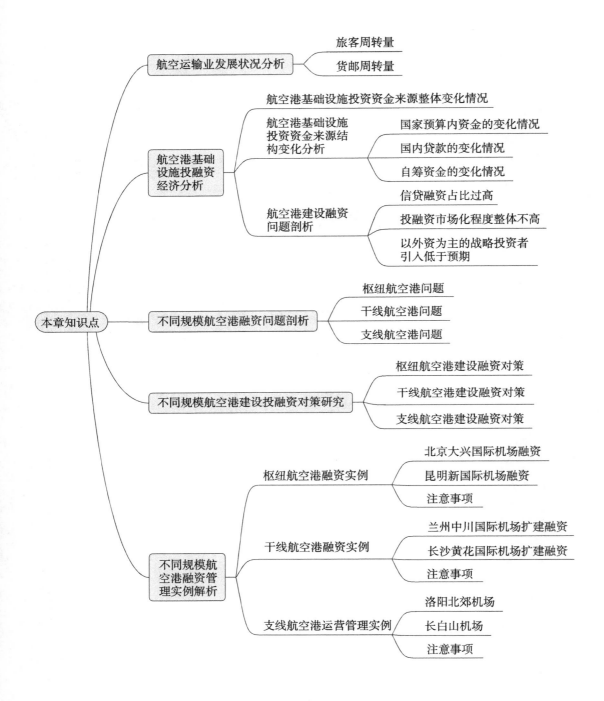

3.1　航空运输业发展状况分析

经济增长是航空运输业发展的根本推动力，经济的发展将带动对外贸易的持续增长及居民消费水平的提高，带动乘客数量的增加，为航空业提供充沛的客、货源，推动航空旅游、货物运输的发展，促进航空业的发展。航空港作为航空运输业中的子行业，属于资金密集型的交通基建行业，与宏观经济具有较高的相关性。

分析 1999—2020 年的国内生产总值增长率、旅客吞吐量增长率及货邮吞吐量增长率（图 3-1）变化情况，2003 年受非典疫情的影响，2008 年受国际金融危机、汶川大地震等一系列不利因素的冲击，2011 年、2012 年受国内外经济复苏动力减弱、高铁快速发展等因素影响，我国民航运输总周转量有所回落。受 2019 年以来新冠疫情的影响，旅客吞吐量增长率直线下降，货邮吞吐量增长率也呈下降态势。

进一步分析，二十年来我国航空市场蓬勃发展，民航运输总周转量呈现稳定增长的态势（如图 3-2 所示，2020 年受新冠疫情影响除外）。1999—2019 年，我国民航运输总周转量由 106.1 亿吨公里增加到 1293.2 亿吨公里，增长了 11.2 倍。

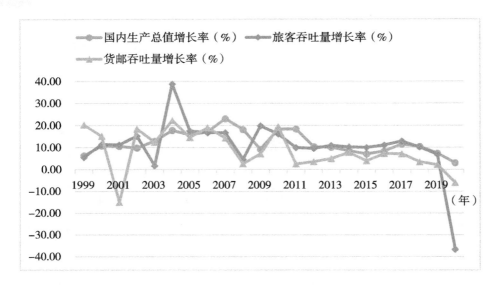

资料来源：历年《中国统计年鉴》、历年中国民航行业发展统计公报。

图 3-1　1999—2020 年国内生产总值增长率、旅客吞吐量增长率及货邮吞吐量增长率

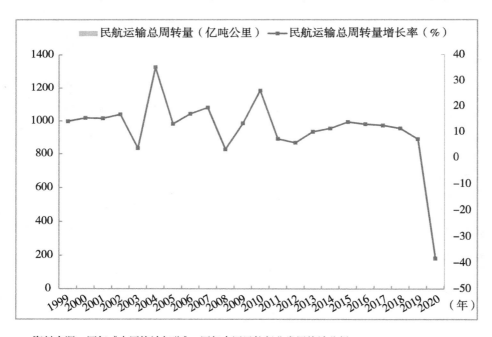

资料来源：历年《中国统计年鉴》、历年中国民航行业发展统计公报。

图 3-2　1999—2000 年民航运输总周转量增长率

1999—2002 年，国内生产总值增长率稳定在 10% 左右，受宏观经济影响，民航运输总周转量增长率为 15% 左右。2003 年上半年受非典疫情影响，民航运输大幅度下降，下半年民航局（中国民用航空局）及时制订并组织实施了民航"蓝天振兴计划"，同时，国家采取了一系列扶持政策，促进了航空运输生产的迅速恢复。2005—2007 年，宏观经济良好，国内生产总值稳定增长，且增长率在 15% 以上，民航运输总周转量持续增长。2008 年，受汶川地震和国际金融危机的严重冲击，民航运输总周转量基本与 2007 年持平，增长率为 3.1%。2009 年，受国际金融危机的持续影响，中国民航面临严峻挑战，民航局认真贯彻落实国家的重大决策和部署，促进国内运输迅速回升。2011 年、2012 年受国内外经济复苏动力减弱影响，民航运输总周转量维持较低速增长。2013—2017 年，在世界经济不景气、复苏困难，国内经济持续下行的情况下，民航运输总周转量保持稳定增长的态势。2020 年受新冠疫情的影响，民航运输总周转量增长率急速下跌，跌幅高达 38.3%。

1. 旅客周转量

1999—2020 年，我国民航旅客周转量总体上呈现稳定增长态势（图 3-3 所示，2020 年受新冠疫情影响除外）。1999 年旅客周转量为 857.3 亿人公里，2020 年增加到 6311.2 亿人公里。增长了 12 倍多，年平均增速为 11.1%。

2003 年，受非典疫情影响，民航旅客周转量较上年同期下降 0.4%。2004 年恢复增长。2005—2007 年，国内生产总值增速稳定，宏观经济形势良好，民航旅客增长率保持逐年稳定增长的态势。2008 年，受汶川地震和国际金融危机的影响，民航旅客增长率为 3.3%，与 2007 年民航旅客周转量基本持平。2009—2018 年，受 2008 年国际金融危机的持续影响，国内外经济复苏动力减弱，经济形势不好，且受高铁对旅客分流的影响，民航旅客周转量增幅下降，但受"四万亿计划"刺激，经济平稳快速增长，民航旅客周转量基本保持稳定增长且发展形势较好。2019—2020 年，受新冠疫情持续影响，民航旅客周转量呈现断崖式下跌，跌幅高达 46.1%。

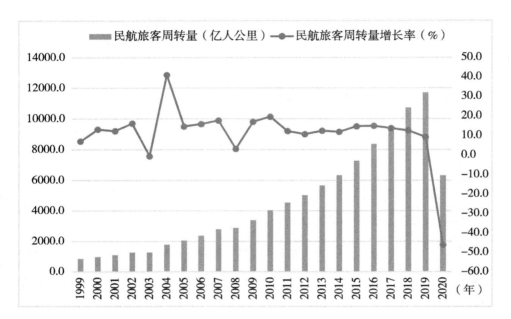

资料来源：历年《中国统计年鉴》、历年中国民航行业发展统计公报。

图 3-3　1999—2020 年民航运输旅客周转量增长率

2. 货邮周转量

1999—2020 年，我国民航货邮周转量总体呈现增长的态势（如图 3-4 所示，2020 年受新冠疫情影响除外）。1999 年民航货邮周转量为 42.3 亿吨公里，2019 年增加到 263.2 亿吨公里；民航货邮周转量增长了 5.2 倍，年平均增速为 10.1%。

2003 年，民航货邮周转量受非典疫情的影响相对于民航旅客周转量受非典疫情的影响较小，民航货邮周转量增长率为 12.3%。2005—2007 年，国内生产总值增速稳定，宏观经济形势良好，民航货邮周转量增长率保持逐年增长的态势。2008—2009 年，受汶川地震和国际金融危机的影响，民航货邮周转量与上年基本持平，增幅较小。2011—2012 年，受经济危机的影响，民航货邮周转量有所下降。2013—2018 年，民航货邮周转量呈稳定增长的态势。2019—2020 年，受新冠疫情的持续影响，民航货邮周转量呈现下跌态势，跌幅为 8.7%。

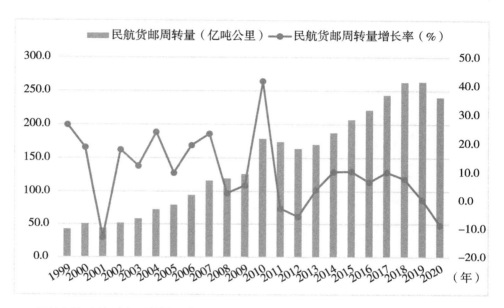

资料来源：历年《中国统计年鉴》、历年中国民航行业发展统计公报。

图 3-4　1999—2020 年民航货邮周转量增长率

3.2　航空港基础设施投融资经济分析 ①

虽然受新冠疫情冲击，中国民航的发展遇到一定的困难，但 2020 年民航固定资产投资规模却创下新高，部分投资规模首超千亿元。具体来看，在基础设施建设方面，2020 年民航基本建设和技术改造投资额为 1081.4 亿元（图 3-5），较

① 虽为投融资，但更多站在资金融入者角度考虑问题，即融资。

上年增加 11.6%，规模首次超千亿元；境内运输机场达 241 个，较上年年底净增 3 个。分系统来看，10 年间航空港系统固定资产投资平均占比 76.52%（表 3-1）。到 2035 年，中国民用航空港数量将增加约 190 个，旅客和货物吞吐量将创新高。智慧航空港等概念的提出，将加快现有航空港的改造升级。因此，航空港新建和改造还有较大的空间。

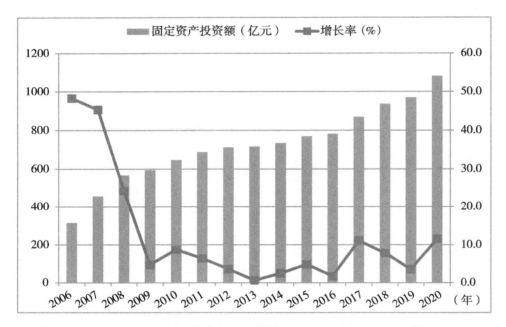

资料来源：历年中国民航行业发展统计公报；中商情报网；中经未来产业研究中心数据。

图 3-5　2006—2020 年民航基本建设和技术改造投资总额分析

表 3-1　2010—2019 年民航固定资产分项投资分析

年份	航空港系统		空管系统		其他系统	
	投资额 / 亿元	占比 /%	投资额 / 亿元	占比 /%	投资额 / 亿元	占比 /%
2010	441.5	68.29	19.0	2.94	186.0	28.77
2011	495.4	72.04	18.0	2.62	174.3	25.35
2012	498.7	70.02	26.7	3.75	186.8	26.23
2013	507.5	70.82	29.5	4.12	179.6	25.06

年份	航空港系统		空管系统		其他系统	
	投资额 / 亿元	占比 /%	投资额 / 亿元	占比 /%	投资额 / 亿元	占比 /%
2014	560.8	76.38	23.9	3.26	149.5	20.36
2015	656.1	85.29	17.7	2.30	95.5	12.41
2016	660.0	84.36	24.2	3.09	98.2	12.55
2017	741.4	85.28	23.3	2.68	104.7	12.04
2018	748.6	79.92	45.2	4.83	142.9	15.26
2019	751.4	77.51	50.6	5.22	167.4	17.27
合计	6488.5	76.52	308.7	3.63	1621.7	19.85

注：因 2020 年中国民航行业发展统计公报未提供民航基本建设和技术改造投资分类，故未显示当年数据。

3.2.1　航空港基础设施投资资金来源整体变化情况

根据国家统计局发布的《国家统计年鉴》的分类标准，航空港基础设施建设资金的来源主要分为国家预算内资金、国内贷款、利用外资、自筹资金以及其他资金五类，故本书参考此分类梳理航空港基础设施建设资金来源。2004—2020 年航空港基础设施投资资金来源情况，见表 3-2。2005—2020 年航空港基础设施投资资金总量及其增长率变化，如图 3-6 所示。

第一，国家预算内资金，指中央财政和地方财政中由国家统筹安排的基本建设拨款和更新改造拨款，以及中央财政安排的专项拨款中用于基本建设的资金和基本建设拨款改贷款的资金等。

第二，国内贷款，指企业、事业单位向银行及非银行金融机构借入的用于固定资产投资的各种国内借款，包括银行利用自有资金及吸收的存款发放的贷款、上级主管部门拨入的国内贷款、国家专项贷款、地方财政专项资金安排的贷款、国内储备贷款、周转贷款等。

第三，利用外资，指用于固定资产投资的国外资金，包括统借统还、自借自

还的国外贷款，中外合资项目中的外资，以及对外发行债券和股票等。

第四，自筹资金，指企业筹措基本建设资金和流动资金的总称，是以企业发展的基金补充自有流动资金，其主要来源是各项专用基金、专项借款。

第五，其他资金，指除以上各种拨款、固定资产投资等资金。

表3-2　2004—2020年航空港基础设施投资资金来源情况　　　单位：亿元

年份	国家预算内资金	国内贷款	利用外资	自筹资金	其他资金	合计
2004	43.5	63.0	61.4	110.7	2.9	281.4
2005	38.8	98.5	49.6	152.8	5.8	345.5
2006	59.0	148.5	89.5	130.6	72.4	499.9
2007	52.3	158.1	46.6	288.3	7.0	552.3
2008	55.5	232.0	15.0	260.9	13.5	577.0
2009	68.3	224.3	3.7	266.3	5.5	568.1
2010	85.3	365.1	15.1	390.3	22.8	878.7
2011	86.9	149.1	17.3	607.7	14.2	875.3
2012	108.2	424.0	14.3	547.2	7.5	1101.1
2013	76.5	611.6	189.7	924.7	794.2	2596.8
2014	49.5	508.9	79.9	831.8	48.9	1519.1
2015	298.1	603.6	1.3	930.9	54.4	1888.2
2016	300.2	740.2	0.0	949.9	166.3	2156.7
2017	229.4	887.3	0.0	785.9	244.3	2146.9
2018	346.9	922.8	0.0	858.2	131.7	2259.6
2019	227.2	616.4	0.0	820.4	150.5	1814.5
2020	464.2	306.9	0.0	685.0	105.2	1561.3
合计	1551.4	5214.1	583.5	7178.2	1459.7	21622.3

资料来源：历年《中国统计年鉴》。

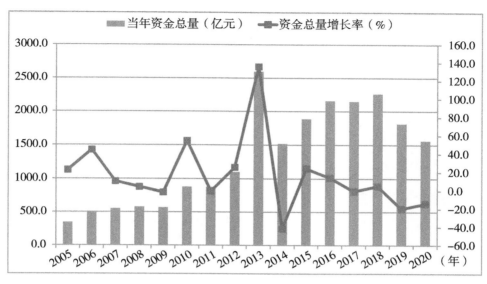

资料来源：历年《中国统计年鉴》。

图 3-6 2005—2020 年航空港基础设施投资资金总量及其增长率变化

从表 3-2 的数据和图 3-6 的趋势可以看出，2004 年航空港基础设施投资资金为 281.4 亿元，到 2020 年上升到 1561.3 亿元，增长 5.5 倍。特别是 2008 年国际金融危机爆发后，为了有效应对国际金融危机的冲击，保持经济平稳增长，中央出台了一系列扩大内需、促进经济增长的措施。从 2008 年第四季度开始，实施中央政府新增投资 1.18 万亿元，加上地方和社会投资，总规模共约 4 万亿元的刺激计划，使得航空港基础设施投资资金的总额在 2009—2013 年有了较大的飞跃。尤其是 2013 年，随着航空业指导性政策的出台和年度补助的落实，航空港基础设施投资增速猛增，增长率高达 135.8%。需要指出的是，从 2014 年开始，由于其他资金的回落和 2016 年始的外资归零（主要原因在于政策导向），尤其受 2020 年新冠疫情的影响，航空港基础设施投资呈现下降的态势。

3.2.2　航空港基础设施投资资金来源结构变化分析

在表 3-2 的基础上，计算出历年来各项资金来源的变化情况（由于利用外资自 2016 年数据统计为 0，其他资金历年数据异常，在此不做具体分析，本书重点分析国家预算内资金、国内贷款和自筹资金 3 项内容），进而分析航空港基础设施投资资金来源的结构变化。

1. 国家预算内资金的变化情况

从表 3-2 和图 3-7 可以看出，国家预算内资金的绝对额从 2004 年的 43.5 亿元增加到 2020 年的 464.2 亿元，增长了近 9.7 倍。但从相对值来看，历年来占比呈现倒 "U" 形态势，从 2004 年的 15.4% 下降到 2013 年的 2.9%，之后开始缓慢上升，2014 年为 3.3%，2015 年为 15.8%，随后又呈现下降态势（2020 年除外）。

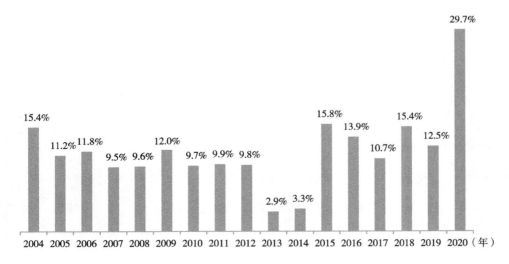

图 3-7　2004—2020 年国家预算内资金变化情况

国家预算内资金比例递减的主要原因有两个方面。一方面是政府虽然重视对基本建设的投资，但由于近些年来航空港投资增长迅速，投资呈现井喷态势，国家财政收入虽然也呈现增长态势，但面对如此庞大的投资规模毕竟力有不逮。在

"四万亿计划"结束后,国家预算内资金投入增量减缓。另一方面是随着经济体制改革的推进,较多的社会资金进入航空港基础设施建设领域,国家财政预算内对其投资份额逐年减少,导致国家预算内资金占比下降。

2. 国内贷款的变化情况

从表 3-2 和图 3-8 可以看出,国内贷款的绝对值从 2004 年的 63.0 亿元上升到 2020 年的 306.9 亿元,增长近 3.9 倍。其变化的主要原因是为了应对全球性金融危机,国家"四万亿计划"基础设施项目启动,国家开发银行作为向基础设施建设贷款的政策性银行,为这些项目提供了必要的资金支持,从而带来 3 年(2008年、2009 年和 2010 年)国内贷款比例快速上升。但是,由于国家开发银行也要通过向国内金融机构发行金融债券来筹集资金作为贷款来源,而 2008 年以来经济大环境不是很好,导致了融资成本高和融资困难。自 2013 年我国"一带一路"倡议提出以来,虽然中国经济增长放缓,但是受人均收入保持增长、消费逐步升级、中产阶级兴起、经济增长转型、产业结构升级、城镇化推进等因素的影响,以中国建设银行为主的四大国有银行重点投资建设交通基础设施等重大项目,以

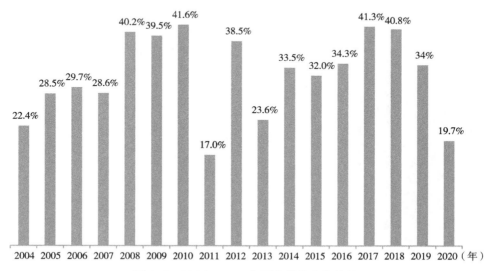

图 3-8 2004—2020 年国内贷款变化情况

上因素带来国内贷款占比稳步上升。由于受 2020 年新冠疫情的影响，国内整体经济形势不理想，国内贷款占比下降。

3. 自筹资金的变化情况

从表 3-2 和图 3-9 可以看出，自筹资金的绝对值从 2004 年的 110.7 亿元增加到 2020 年的 685.0 亿元，增长了近 5.2 倍。自筹资金在航空港基础设施投资资金来源中比例基本不变，维持在 40% ~ 50%。其变化的主要原因有以下两个方面：一方面，随着经济体制的转变，市场经济体制较为完善，更多的社会资本投入航空港基础设施建设中；另一方面，主要归因于土地出让收入政策改革，即从 2007 年开始，国家对土地出让收入管理制度进行了改革，土地出让收入缴入国库后，市县财政部门先分别按规定比例计提国有土地收益基金和农业土地开发资金，缴纳新增建设用地土地有偿使用费，余下的部分统称为国有土地使用权出让金，这部分资金归入自筹部分。因此，包括国有土地使用权出让金在内的自筹资金绝对值不断增加。可见，自筹资金在航空港基础设施投资资金来源中一直占据主导地位，成为推动航空港基础设施建设的主要动力。

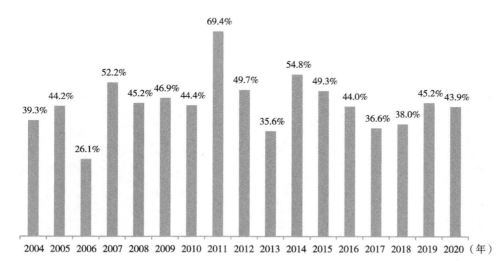

图 3-9　2004—2020 年自筹资金变化情况

值得说明的是，除了土地出让支出，自筹资金中直接来自政府收入的资金还包括：预算外资金用于交通运输的支出和除国有土地使用权出让金支出以外的其他政府性基金。可见，自筹资金表面看似与政府无关，但其中相当大的一部分系政府行为主导。换句话说，政府仍然是航空港基础设施的投融资主体，真正意义上的"投融资主体多元化"改革还需继续。

3.2.3　航空港建设融资问题剖析

1. 信贷融资占比过高

航空港属于劳动密集型、重资产的行业，存在以干养支（以枢纽、干线航空港反哺支线航空港）的客观现实，还承担许多公益性职能，拖累了航空港的盈利能力，导致内源融资能力不足，已无法为大规模的航空港建设输入更多的资金。而且航空港投融资体制较为单一，主要依靠政府投资、运营补贴等。在传统渠道逐渐受限或补助资金获取难度提高的客观情况下，信贷融资顺势成为航空港融资的主力，占比超过 50%，甚至达到 70%。许多航空港背负了巨额的银行债务。

2. 投融资市场化程度整体不高

我国资本市场的发展速度迅猛，为资本运作提供了广阔平台，资本运作已经成为我国经济资源配置的重要途径。遗憾的是，我国大部分航空港并没有得到很好的利用，导致直接融资的比例极低，错失 10 年黄金期。一方面，债券融资整体不活跃。除北京首都国际机场、深圳宝安国际机场等几家上市公司做得较为成功外，其他航空港大部分都未曾"尝鲜"。另一方面，上市融资呈现"完美开局，后续乏力"的局面。目前上市融资格局为 4 家 A 股航空港，2 家 H 股航空港，从 2003 年至今一直未打破。大连、沈阳、成都、西安、青岛等地的航空港都曾积极筹划上市，一直处于"屡闻楼梯响，不见真人来"的尴尬境地。

3. 以外资为主的战略投资者引入低于预期

自 2002 年 8 月 1 日起施行的《外商投资民用航空业规定》（简称"110 号

令"）及 2016 年 5 月 27 日起实施的补充规定，扩大了中国民用航空业的对外开放。例如，丹麦哥本哈根机场出资约 3.5 亿港元，购入海口美兰机场（在香港上市，股票名称为"美兰空港"）20% 的股权，成为第一家参股国内航空港业的外资公司；新加坡樟宜国际机场出资 10.8 亿元，购入南京禄口机场 29% 的股权；德国法兰克福国际机场出资 4.9 亿元，购入西安咸阳机场 24.5% 的股权。国内航空港重组方面，首都机场集团有限公司（简称首都机场集团）和西部机场集团有限公司利用属地化改革的契机，进行了快速跨省扩张，集团规模和综合实力迅速增强。值得注意的是，由于历史、市场需求等原因，社会资本投资民航，尤其是航空港建设仍存在门槛较高、投资意愿不足等问题。航空港引入外资以及重组扩张行为鲜有发生，人们期待的"并购大戏"并未在我国航空港中继续上演，反而还出现了几起解除重组的案例，以外资为主的战略投资者引入低于预期。

中国民用航空局于 2021 年 2 月 9 日宣布废止"110 号令"，民航领域按照国家统一的外资准入负面清单执行。即民航保留公共航空运输、通用航空、民用机场 3 个领域的外资准入限制，清单以外的领域，主要通过行业许可和事中事后监管等内外资一致的非歧视方式管理，以期持续完善外商投资政策，提升投资便利化水平，加快国内国际融合发展。

3.3　不同规模航空港融资问题剖析

3.3.1　枢纽航空港问题

枢纽航空港是一个国家国际航空运输的主要出入境航空港，是国家民航运输体系最为重要的一部分航空港，更是国际经济、外交、政治联系的"咽喉"，拥有显著的地位。由于政府的关照和自身积累，枢纽航空港自身资金条件较好。这类航空港可选的融资方案较多，运营资金比较充裕。但是，在民航高速发展的大背景下，我国多数枢纽航空港正处于跨越式发展阶段，建设资金需求呈几何级增长。

虽然国家政策允许一些大型干线航空港吸纳外商投资，但"外商投资民用航空港，应当由中方相对控股"仍是一个硬性规定，尤其对于枢纽航空港而言，具有重要的战略意义和政治意义。政府投资相当庞大，建设目标非常明确，故民间资本或外资能够介入的程度极为有限。因此，对于大型枢纽航空港，由于有强大的政府支持背景，相对于引进资金而言，更倾向于引进管理方，即引进拥有优秀的管理经验的投资商。如广州白云机场高层表示，在第三跑道的建设中，建设投资仍将会以政府投资为主，但是不排除航空港寻求其他合作方式的可能。

不同规模的枢纽航空港所面临的融资问题也不尽相同。需要指出的是，根据国家现行规定，枢纽航空港应保持国有或者国有控股地位，在此基础上，无论是"内资"还是"外资"，进入的难度都比较大。因此，如何筹集能够满足需求的资金，是枢纽航空港面临的重大难题。

3.3.2　干线航空港问题

业界普遍认为，民用航空港的理论盈利点应是年旅客吞吐量 200 万人次。随着我国民航行业的整体发展，我国干线航空港多数已经达到或超过行业盈亏平衡点的经验值，但是，从实际来看，这些航空港多数仍在盈与亏之间徘徊。究其原因，主要有以下 3 个方面。

第一，很多航空港资金结构不合理，负债过高。在这个层次的航空港中，平均资产利润率很低，甚至低于同期银行商业贷款利率，贷款的杠杆作用会吃掉大部分的企业利润。在航空港行业，身背巨债而深陷亏损境地的例子不在少数。

第二，有些地方政府为追求形象，航空港建设贪大求洋，盲目攀比，过度建设，从而导致运营负担增加，甚至造成亏损。

第三，航空港的公益性项目和收益性项目划分不清，航空港陆侧交通、地区绿化、电力输送等市政配套项目与航空港权责划分不清，导致航空港背上不该背的包袱。权责不明确，场区规划和整治的费用由航空港承担，但场区内存在大量航空公司和其他驻场单位对资源无偿占用的情况。

3.3.3　支线航空港问题

我国支线航空港数量多，吞吐量小，由于公益性强而收益性弱，市场机制几乎完全失效，普遍处于亏损状态。支线航空港自身"造血"能力很差，长期依靠地方政府"输血"度日，甚至无法补偿变动成本，经营性现金流为负值。而且国家对支线航空港的发展缺乏配套和必要的政策支持，支线航空港短时间内出现扭亏，如梧州、罗定、阳江等航空港，地方财政已无力补亏，面临关闭的局面。支线航空港公益性基础设施定位难以实现，虽然《民用机场管理条例》已明确航空港是公共基础设施，但这样的定位实际上始终未得到认可，原因有二：一是目前中小航空港普遍都是公司化运作和管理，地方政府都将其视为企业；二是国内大部分中小航空港由航空港集团直接管理，航空港亏损后，当地政府补贴基数不尽如人意。因此，要进一步深化和推进航空港的属地管理，强化与地方政府的沟通联系，真正确定中小航空港的公益性定位，亏损部分由政府承担，才能从根本上解决中小航空港的生存与发展问题。

造成我国支线航空港经济效益低下的原因主要有以下几点。

第一，支线运力匮乏，以干线机型经营支线带来经营的恶性循环。

第二，管理粗放，经济效益低下。主要表现在：一是根据平均成本曲线，由于业务量小，支线航空港平均成本很高；二是支线航空港建设投资过度，折旧摊销过大；三是人工成本占总成本的 60% ～ 70%，甚至有个别航空港高达81%；四是贷款建设航空港，财务费用负担过重，导致航空港经营性现金流不足。

第三，国家对支线航空港和支线航空缺乏配套政策支持，包括扶持支线航空运输的各种收费标准；支线飞机及航材进口关税的优惠政策；使用国产支线飞机更多的鼓励政策；支线航空运输必要的财政补贴；支线航空网络体系的规划和政策。

枢纽、干线和支线 3 类航空港在投融资时应重点解决的问题，如图 3-10 所示。

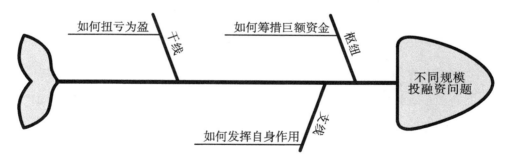

图 3-10　枢纽、干线和支线 3 类航空港在投融资时应重点解决的问题

3.4　不同规模航空港建设投融资对策研究

3.4.1　枢纽航空港建设融资对策

前文提到，资金是建设枢纽航空港的基本条件，没有资金，新建和改善航空港设施的工作就无法进行。筹集资金形成资金的投入，是决定枢纽航空港能否顺利建成的重要条件。筹资要解决的问题是如何取得航空港所需要的资金，包括向谁（Whom）、在什么时候（When）、筹集多少资金（How Much）。筹资的数量要考虑投资的需要，它涉及筹资方式的选择、筹资成本的比较、资本结构的优化等方面的问题。需要说明的是，枢纽航空港建设项目自身融资能力非常强，但由于资金需求成倍增长，依靠政府资金和自身积累都不能满足需求，这类航空港往往需要且有条件使用最复杂的融资结构。具体来看：

首先，选择上市筹集权益性资本。由于新建项目投资巨大，如果不增加权益资本，主要依靠负债资金建设，那么航空港企业负债率将会高到难以承受的程度。我国最大的前五家航空港已经全部上市，排在前十名的其他航空港，特别是有扩建项目的航空港，都具有稳定的经济效益，因此也受到市场的欢迎。随着资本市场的发展，上市融资逐渐成为我国枢纽航空港的基本融资手段。

其次，由于枢纽航空港往往具有重要的政治意义和战略意义，因此地方甚至中央政府都非常重视，会给予很多关照，包括资金支持。对于这部分资金，在项目运作初期就能基本落实，对于前期运作非常重要。

最后，充分利用自身优势和当前金融市场潜力，进行多渠道融资。例如从银行贷款、发行企业债券等形式，也可以将收益性资产部分单独拿出来，利用 BOT（Build-Operate-Transfer，建造－运营－移交）、PPP（Public-Private Partnership，政府和社会资本合作）、TOT（Transfer-Operate-Transfer，转让－经营－转让）等多种方式融资。

3.4.2　干线航空港建设融资对策

干线航空港建设项目所需融资量一般都在几亿元到几十亿元人民币之间，为此，可以在政府的主导协调下，通过自身积累、财政拨款、政府投资部门和国有大型企业投入资本金的形式满足。

不过对于规模较大的干线航空港，如果缺口较大，优先考虑引入战略投资者，补充资金还在其次，主要是引进先进的管理方式和理念。一方面，通过提高经营效益，增强内源融资能力；另一方面，做好上市准备，提高操作更复杂的融资形式的能力，为大型干线航空港向枢纽航空港过渡打好基础。例如在长沙黄花航空港扩建过程中，湖南省政府表现出很高的建设热情，参与度和控制力都很强。但是，由于长沙黄花航空港不在中央财政重点补贴范围内，而地方财政资金有限，最终采取由湖南省政府牵头建设组织省内实力较强的国有大型企业出资组建股份公司的形式来筹集资金。由于地方政府协调力度大，募集的股本金满足扩建工程的需要。采取这样的融资形式，一方面，可以避免长沙黄花航空港背上沉重的债务包袱，另一方面，也为进一步的发展奠定了资本基础。

3.4.3　支线航空港建设融资对策

基于我国支线航空港数量多、吞吐量小、公益性强而商业性弱的特点，可以采取以下融资策略。

首先，确立政府资金的基础性地位，积极探索支线航空港公益性职能及其成本的剥离方式，减轻支线航空港的经营压力；加大政策扶持及基金支持力度，提供税收减免政策、非航资源开发政策扶持及航线开发资金补贴等。

其次，站在全省（自治区）的角度通盘考虑，采用集团公司统一管理、统一规划、统一建设和融资的模式，对于解决中小航空港的建设融资问题具有积极作用。

最后，积极与航空公司进行合作，实行"以资源换资本"的方式吸引航空公司加盟，由地方政府提供土地资源或旅游资源，用取得的收益补贴航空港、航空公司运营，既可以解决支线航空港发展的资金问题，又可以增强整个支线中心航空港的抗风险能力。

3.5 不同规模航空港融资管理实例解析

3.5.1 枢纽航空港融资实例

1. 北京大兴国际机场融资

（1）项目概况。

北京大兴国际机场于 2014 年 12 月开工建设，2015 年 9 月全面动工，2019 年 6 月已经开始试运营[34]。目前已有三横一纵 4 条跑道，未来还将建设 3 条新的跑道，到 2040 年满足年旅客吞吐量 1 亿人次的需求。机场造型是一只展翅的凤凰，与首都机场的"中国龙"相呼应，形成"龙凤呈祥"的美好格局。整个航站楼有 82 个登机口，机场的地下东西两侧是城际铁路和高铁，中间 3 条是机场专线和地铁，将机场与北边的北京市区连接，1 小时内可达京津冀不同地区。

（2）融资设计。

国家发改委批文显示，北京大兴国际机场的机场工程投资 799.8 亿元，其中，民航局安排民航发展基金 180 亿元，首都机场集团安排自有资金 60 亿元，积极吸引社会资本参与，不足部分由国家发改委和财政部安排中央预算内投资和国有资本经营预算资金，资本金以外投资由首都机场集团通过银行贷款、申请专项建设基金等多元化融资渠道解决。同时，空管工程总投资 41.6 亿元，由民航局安排民航发展基金解决；供油工程机场场区内项目投资 22 亿元，由首都机场集团和中国航空油料集团有限公司（简称中航油集团）组建的合资公司安排自有资金投入，资本金以外的投资由该合资公司利用银行贷款解决。

北京大兴国际机场资金需求，如图 3-11 所示。

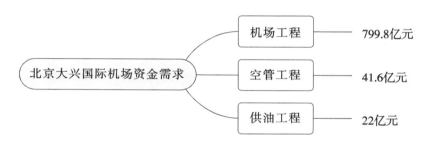

图 3-11 北京大兴国际机场资金需求

北京大兴国际机场主要采用以下 4 种融资方式（图 3-12）。

① 内源融资。

首都机场集团充分安排自有资金，发挥自主性，较低的融资成本可有效缓解后续的运营管理资金压力。但是面对巨大的资金需求，集团公司自有资金不足尤为突出，努力开拓北京大兴国际机场多元化融资渠道显得十分紧迫。

② 外源融资。

政府投资在机场建设融资中占主导地位，通过国家预算内资金、民航发展基金、银行贷款等方式，积极开拓北京大兴国际机场的多元化融资渠道。同时，为

规避单一贷款行因政策风险而带来的融资风险，并参照国内大型基础设施建设项目贷款的通常做法，本项目采用银团贷款（有两家或两家以上的银行基于相同贷款条件，依据同一贷款合同，按约定时间和比例，通过代理行向借款人提供的本外币贷款或授信业务）的方式融资，在有效保证资金需求的同时，提高了金融机构的服务水平。

③权益融资。

首都机场集团与中航油集团签订了航油、地油工程合资建设及经营框架协议。针对北京大兴国际机场的航油业务和地油业务（车辆加油站相关业务）分别设立合资公司作为建设工程项目法人，出资主体由双方各自指定；首都机场集团在航油合资公司持股20%，在地油合资公司持股49%。通过权益融资，既有效减少了首都机场集团融资压力，又获得了未来在供油项目上的经营收益。

④3P模式。

首都机场集团针对可经营、不可拆分的设施，采用3P模式。例如，机场综合服务楼项目，采用政府和社会资本合作模式，鼓励以民营资本为主的专业化公司与政府和机场集团进行合作，参与公共基础设施的建设。

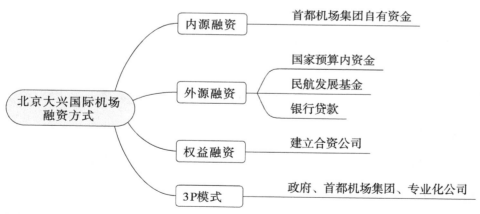

图3-12 北京大兴国际机场融资方式

2. 昆明新国际机场融资 [35]

（1）项目概况。

昆明新国际机场（即昆明长水国际机场，简称昆明新机场）位于昆明市东北方向官渡区境内，距昆明市区约 24.5km，距嵩明县城约 26km。该项目是国家"十一五"期间的重点建设工程、云南省特大型城市基础设施建设工程、省 20 项重点工程之一，其定位是中国面向东南亚、南亚和连接欧亚的国家大型门户枢纽机场。新机场建成之后，昆明将成为继北京、广州、上海之后我国第四个拥有国家大型门户枢纽机场的城市。新机场的建设，对于优化国际机场战略布局、促进云南经济又快又好地发展和提高现代新昆明中心城市的综合竞争力将起到积极的促进作用。

根据昆明新机场的设计规模，其投资总额接近 190 亿元。民航局已确定由中央和云南省政府、机场集团共同出资 80 亿元，形成昆明新机场的资本金。这样前期的机场主体建设资金还存在 110 亿元的资金缺口，这 110 亿元的资金融资将成为昆明新机场主体建设的关键。BOT 融资模式在国外许多机场项目和理论，BOT 模式目前国内的一些大型基建项目都有应用，假定昆明新机场项目借鉴这一模式对 110 亿元资金缺口进行融资，建成后的昆明新机场的成功运营将给昆明新机场和投资双方都带来可观的收益。

（2）融资设计。

鉴于资金缺口数量和盈利能力的分析，昆明新机场将进行如下有别于传统的 BOT 融资模式（图 3-13）：投资方投资 80 亿元资金建设昆明新机场，资金一次到位，机场建设于 2012 年年底完工。昆明新机场建成后，机场所有权归属民航局和云南省政府，并将经营权于 2013 年 1 月 1 日交由投资方经营 15 年，于 2027 年 12 月 31 日将昆明新机场经营权交付回民航局、云南省政府和云南机场集团。另外，在投资方特许经营的 15 年间，每年向云南省政府上缴净利润的 10%（这也

是昆明新机场项目 BOT 融资区别于传统融资的地方）。

需要说明的是，之所以要特别征收 10% 的净利润而不像传统的 BOT 融资模式那样只征收其所得税，是因为昆明新机场具有良好的盈利能力。

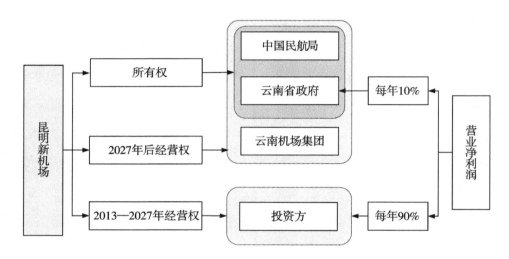

图 3-13　昆明新机场 BOT 融资模式

3. 注意事项

（1）具备风险意识。

在明确风险存在的情况下，保证航空港项目的顺利建设。作为项目融资的主体，北京大兴国际机场和昆明新机场在为融资做出承诺的同时，在融到所需的资金以后要保证项目按时顺利建设，这样才能避免或降低项目开发和建设阶段的各类风险，给投资者收回投资的信心，从而真正达到融资方和投资方双赢的目的。

（2）进行资信评估。

对投资方进行规范而又严格的资信评估，从而保证项目的顺利开展。昆明新国际机场作为融资方的主体，要对投资方的公司实力、资金来源、运营状况、信用状况等进行全面的评价，如有必要，应成立或利用专业的资信评估机构进行评估，从而保障所融资金的有效和全额投资，以保证项目的顺利完工，避免项目实施过程中因资金问题而出现的停工或延工现象。

（3）完善项目融资法规。

进一步完善项目融资的法律法规，保证项目实施和交接过程的顺利进行。由于我国的项目融资起步较晚，所以在项目融资的实施和管理等方面还存在很多不足，特别是该项目融资为从未在我国实施过的航空港项目融资，所以要建立和健全相关的法律法规，完善项目融资管理本身的相关规章制度和投融资合同。只有这样，才能在有效和明确的法律法规框架下，保证项目的正常实施和以后运营权等各方面的有效衔接。

3.5.2　干线航空港融资实例

1. 兰州中川国际机场扩建融资[36]

（1）项目概况。

兰州中川国际机场（以下简称兰州中川机场）为 4E 级国际机场，是西北地区的主干机场之一，是甘肃省省会兰州市的空中门户、西北地区的重要航空港、国际备降机场。兰州中川机场三期扩建项目按照年旅客吞吐量 3800 万人次、货邮吞吐量 30 万吨目标设计。项目总投资为 308.70 亿元，具体分为两部分：一部分是项目机场工程静态部分投资 294.28 亿元，其中，工程费用 198.40 亿元，工程其他费用 78.33 亿元，基本建设预备费 17.55 亿元；另一部分是项目机场工程动态部分投资 14.42 亿元。

（2）融资设计。

兰州中川机场本次扩建工程采取的是多元化的融资方案，即内源融资、外源融资、资产证券化和引进战略投资者等。

① 内源融资。

充分利用机场的自然垄断经济属性及地域特点，改善机场环境和提高服务质

量，加强机场附属产业管理，从多方面加强机场的收益性以获取更多的留存营利等，进行兰州中川机场扩建的内源融资。

② 外源融资。

由于项目资金需求较大，在内源融资不能满足资金需求的情况下，项目考虑银行贷款、发行企业债券等方式。同时在项目建设后期，形成资产满足租赁业务标的物要求时，考虑将资产整体打包操作售后回租，保障用款较为灵活的项目资金。

③ 资产证券化。

兰州中川国际机场的航空性收入拥有稳定的现金流，是资产证券化的良好基础资产，待条件成熟时，考虑利用机场现有航空性收入为基础资产，确定资产支持专项计划，选择合适的窗口期发行资产证券。通过资产证券化这种方式将缺乏流动性的资产提前变现，盘活优质国有资产，提高利用效率。

④ 引进战略投资者。

在三期项目立项批复后，部分项目选择引进其他资本方式，吸引具备投资建设、运营能力的其他资本，减少前期一次性出资的压力。

兰州中川国际机场融资方案，如图 3-14 所示。

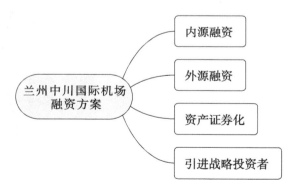

图 3-14　兰州中川国际机场融资方案

2. 长沙黄花国际机场扩建融资 [37]

（1）项目概况。

长沙黄花国际机场是我国重要的干线机场，是地区经济发展的重要组成部分。根据对机场未来业务量的预测分析报告，为满足 2020 年旅客吞吐量 3100 万人次、货邮吞吐量 32 万吨、飞机起降量 25 万架次的发展目标需求，本期扩建工程应建设的主要内容有：在现有跑道东侧新建第二跑道和相应的滑行道系统，分别在跑道主降方向和次降方向设置进近灯光和仪表着陆系统；新建塔台、空管配套用房及其相应设备设施；建设消防、安防、供电、给排水等辅助设施。评估调整后的项目总投资约 50 亿元（机场工程 45 亿元、空管工程 5 亿元）。

长沙黄花国际机场飞行区东扩工程，总投资额比较庞大，工程分为两部分，除去民航中南区空管局立项的空管工程资金 5 亿元全部由民航发展基金解决外，机场工程仍需 45 亿元资金。

（2）融资设计。

长沙黄花国际机场本次扩建工程，以及以后发展中的改扩建融资，可以以政府资金为主导，采取多元化的融资方案（图 3-15）。即按照融资方式重要性程度的顺序，分配合适的融资比例：依靠国家补助投入，构成改扩建的基本资金；利用财政贴息政策的优势，采用银行贷款融资；通过机场的内源资金为改扩建提供支持；向国外政府寻求超低利率的贷款；选择调整股权结构，引进有实力的战略投资者。具体分析如下。

第一，国家补助投入。持续申请加大中央财政（民航总局）和地方财政的建设资金投入力度。依据《民用机场管理条例》的有关规定，应以机场集团为核心，联合地方政府，申请规划出台相关建设资金投入的政策法规。积极申请加大公益性资产补贴力度。建议由机场积极协调地方政府和民航总局加大补贴力度，用于公共性资产的日常运营。具体补贴额度可由地方政府和民航总局依据相关资产的公共性优先级别按照一定比例分担。争取通过向当地政府及民航局申请支援，满足改扩建中，公共性融资项目（本次飞行区东扩工程）60% 左右的资金需求。

图 3-15　长沙黄花国际机场扩建融资方案

第二，银行贷款。充分利用民航局对机场改扩建项目银行贷款实行的财政贴息政策，利用银行资本支持机场改扩建项目。长沙黄花国际机场可以继续向民航局申请一直保持的 80% 的贴息率，向银行筹措本次项目资金总需求 15% 的贷款。这部分贷款能让机场以比较低的成本进行扩建项目的融资。

第三，内源融资。充分利用机场的自然垄断经济属性及地域特点，从多方面加强机场的收益性。除通过机场环境和更好的服务吸引旅客外，在机场的附属产业方面，加强盈利能力也是比较重要的。这一部分内源融资可以为机场改扩建项目融资提供少量比例的资金，实现集团资金的统一管控，预计能给机场此次扩建项目带来 5% 的资金。

第四，国外贷款。当前面几种融资方式仍然不能满足机场此次扩建项目融资的需求时，在湖南机场股份有限公司的债务资本合理的前提下，可以考虑向外国政府贷款，引进超低利率的长期资金，同时还可以给机场带来设备上的技术更新。当然，长沙黄花国际机场还必须考虑到公司的还款能力，以及能否接受贷款政府所提出的附加条件。

第五，引进战略投资者。通过增加湖南机场股份有限公司的实收资本，来支持机场的改扩建。随着长沙黄花国际机场的发展壮大，在以后更大的改扩建项目中，如果资金缺口庞大，除原四大股东可以通过增加股份投入外，还可以考虑经过省政府及股东会商讨，增加新股东，壮大整个集团的实力。当然这种方法放在融资方案的最后，也是考虑到引进战略投资者是一个比较复杂的过程，需要一系列政府审批程序。

3. 注意事项

为了保障干线航空港项目的建设资金，在项目融资过程中，要坚持以全方位考虑、立体化设计、多举措筹集的原则，努力探讨优化"项目资本金＋"的融资模式，根据不同建设阶段资金需求的特点及建设项目的不同性质，合理设计融资策略，有针对性地选择干线航空港的融资模式，采用有效的融资方式多举筹集建设资金，节省综合财务成本，防范债务风险，有效减少当前和远期经营压力，推动干线航空港持续健康发展。

3.5.3　支线航空港运营管理实例

1. 洛阳北郊机场[38]

（1）项目概况。

洛阳北郊机场位于河南省洛阳市老城区与孟津区交界处的邙山，距洛阳市中心 11km，为 4D 级国际支线机场、对外开放的国家一类航空口岸，是中国民用航空飞行学院洛阳分院的训练机场。该机场由中国民用航空局、河南省和洛阳市共同投资兴建。洛阳北郊机场航站楼面积 14800m²，设 3 座登机廊桥；民航站坪设 9 个机位，其中 8 个 D 类机位、1 个 C 类机位；跑道长 2500m、宽 45m；可满足年旅客吞吐量 153 万人次、货邮吞吐量 5000 吨的使用需求。

洛阳北郊机场的运营特点，如图 3-16 所示。

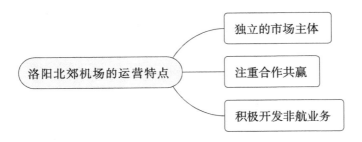

图 3-16　洛阳北郊机场的运营特点

（2）运营方式。

洛阳北郊机场的运行模式不同于其他地方机场，航班运输和训练飞行同场运行，采取事业与企业并存、飞行训练与运输生产合二为一的院站合一的管理体制。

第一，独立的市场主体。为理顺机场与中国民用航空飞行学院洛阳分院的关系，破除机场进一步发展的体制机制障碍，洛阳北郊机场办理了企业法人营业执照，完善各项规章制度，建立健全企业法人治理结构，使洛阳北郊机场真正成为依法自主经营、自负盈亏、独立核算的企业法人和市场主体，从而进一步推动洛阳航空产业和经济建设的发展。

第二，注重合作共赢。为促进洛阳航空运输产业的发展，服务洛阳经济建设，中国民用航空飞行学院与洛阳市政府达成了校地合作意向，开启校地合作、训运结合、合作共赢的新模式。校地双方就合作框架协议多次交流沟通，拟从共同完善发展规划、公司化运营开拓运输市场、完善货运功能、设立专项扶持资金、业务培训 5 个方面展开合作。

第三，积极开发非航业务。洛阳是国务院首批公布的国家历史文化名城、中国四大古都之一和世界文化名城。它有着 5000 多年的文明史、4000 多年的建城史和 1500 多年的建都史，旅游资源极其丰富：一是现存的古建筑和遗址，二是各大博物馆，三是每年的中国洛阳牡丹文化节等。机场建设大力介入当地的旅游资源开发，利用当地特产资源发展餐饮、零售等业务，形成较为完整的旅游产业链。

2. 长白山机场 [39]

（1）项目概况。

吉林省成功实施"一主四辅"机场布局，即以长春龙嘉机场为主，延吉朝阳川机场、白山长白山机场、通化三源浦机场、白城大青山机场为辅。长白山机场作为第二个辅助机场，其建设和运营对于吉林省的民航事业具有重要意义。长白山机场性质为国内支线旅游机场。

长白山机场是全国第一个森林旅游机场，地标高 870 ~ 896m，平均标高 883m。场址东侧、南侧距中朝国境线直线距离分别约 36km、64km。机场坐落在长白山保护开发区池西区，距长白山西景区 15km，北景区 120km，南景区 135km。长白山机场本期工程是以 2015 年旅客吞吐量达到 54 万人次、年起降飞机 9407 架次、年货邮吞吐量 1080 吨的预测航空性业务量为依据进行建设，技术指标为：飞行区等级 4C，可满足 B737、A320 等飞机的起降要求，机场跑道长 2600m、宽 45m，航站楼总面积 8690m²，共 2 座登机廊桥，6 个停机位。工程总投资额为 54990 万元，由民航局、吉林省政府和首都机场集团共同投资建设。

长白山机场的运营特点，如图 3-17 所示。

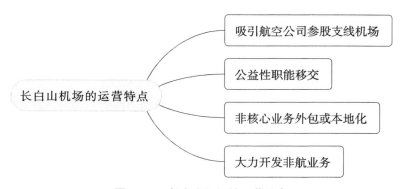

图 3-17　长白山机场的运营特点

（2）运营方式。

长白山机场的运营方式主要有以下 4 种。

第一，吸引航空公司参股支线机场。

目前，长白山机场只有南航吉林分公司在运营，航线航班少，客流也不稳定。随着长白山旅游资源的开发，特别是西坡景区的开发，长白山机场的吞吐量必然上升，未来的发展潜力和前景较好。如果在机场改扩建、停车场、旅游等项目发展时能争取海航、国航等公司参与，并根据出资额授予相应的管理权，将有利于长白山机场的综合开发，并激发航空公司开辟长白山机场航线航班的积极性。甚至可以给予航空公司相应的优惠政策，让航空公司将长白山机场建设成基地，共同开发当地的旅游资源。

第二，公益性职能移交。

长白山机场向民航东北地区管理局申请，将长白山机场的空管部门移交给民航吉林空管分局，将这部分员工的企业编制转化为半事业编制；将机场公安移交给省公安厅或当地公安局，使这部分员工的编制属地化；利用当地松江河的消防力量，由当地政府设立专业的消防部门，由机场组建兼职的消防队伍，平时加强与地方消防力量的联合演练；将应急救援任务移交给当地的医疗、消防部门，机场组建兼职的应急救援队伍，由现场指挥部门牵头，各部门员工要全员参与，定期进行演练，形成全员应急救援的合力。

第三，非核心业务外包或本地化。

长白山机场将地面服务、贵宾服务和安检护卫等非核心业务外包给专业化公司，降低人工成本。上述工作目前全部由长春机场的员工来完成，短期之内不失为一种应急方法，但长此以往，既不利于长春机场的日常保障工作，也不利于培养长白山机场当地的员工队伍。目前，可以采取的方法有：邀请专业化的管理公司，解决人事和业务方面的问题；大力培养当地的员工队伍，尽快实现员工的本地化。由于长白山机场当地员工的日常工作量远小于长春机场的员工，在薪酬和福利待遇方面也应该有所体现。建筑和跑道维护、保洁、清雪、除草等工作交由社会力量完成，制定好标准和规范，采用契约方式管理这部分业务。

第四，大力开发非航业务。

长白山是我国东北地区也是欧亚大陆东部的最高山系，风景优美，四季都有适合观光的题材，旅游资源极其丰富；抚松县野生动植物资源丰富，境内有野生动物 3010 种，野生植物 1243 种，人参、天麻、木灵芝等特产更是声名远播。因此，机场建设应大力介入当地的旅游资源开发，诸如当地十分缺少的旅游宾馆、汽车租赁、控股或参股旅行社，利用当地丰富的特产资源发展餐饮、零售等业务，形成较为完整的旅游产业链。

3. 注意事项

支线航空港建设筹资需确立政府资金的基础性地位，同时，建议积极协调相关商业银行机构、担保部门及国家开发银行等部门开展融资工作，以期更好地解决建设资金不足的问题，逐步探索支线航空港公益性职能及其成本剥离方式，减轻支线航空港经营压力。

在支线航空港融资建设中，需要发挥中央和地方政府的积极性，具体包括：中国民航局对支线航空港和支线航空的政策扶持及基金支持；支线航空港从地方政府获得税收减免政策、航线开发资金补贴，以及非航资源开发政策扶持等。

3.6　本章小结

本章对航空港建设现状和航空运输行业发展状况进行了分析，着重从航空港基础设施投资资金来源整体变化和结构变化两方面分析了民航基础设施投资的现

状，系统剖析了枢纽、干线和支线等不同规模的航空港融资存在的具体问题及其对策研究。在此基础上选取了北京大兴国际机场、昆明新国际机场、兰州中川国际机场、长沙黄花国际机场、洛阳北郊机场和白山长白山机场，进行了航空港融资管理实例解析。

学术研讨

（1）整理历年民航行业发展统计公报及民航机场生产统计公报，统计历年机场生产情况等专业数据。熟练应用 Eviews、SPSS 或 Stata 专业软件，构建数学模型，实证研究航空港建设与区域经济之间的关系。

（2）结合所学知识，梳理不同规模的航空港建设融资具体策略（要求：有理有据，言之有物）。如何理解纵、横两方面的航空港建设融资策略，若该内容由您来讲，请问您准备从哪方面入手？

第 4 章

航空港发展影响因素及其发展模式研究

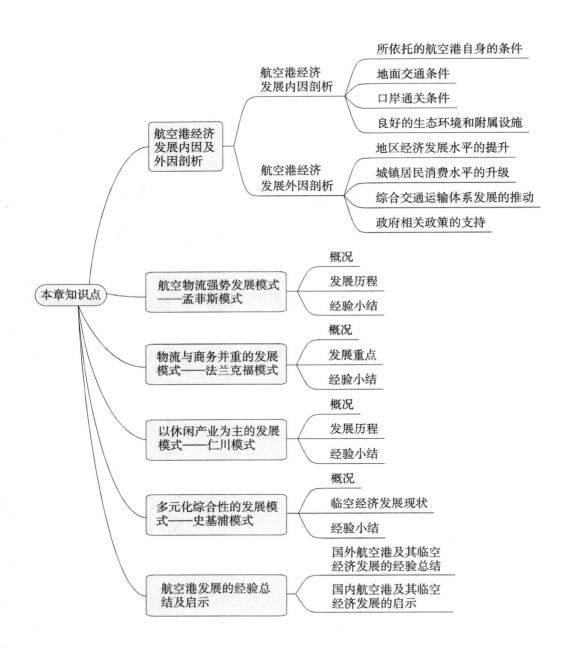

4.1　航空港经济发展内因及外因剖析

4.1.1　航空港经济发展内因剖析

1. 所依托的航空港自身的条件

航空港是航空港经济发展的基础，航空港的规模大小及航空港辐射范围的经济状况决定了航空港经济的形成规模和发展水平。航空港本身的条件包括软、硬件两个方面：软件方面包括航空港的战略定位、区位优势、信息系统、航线资源、航空运输网络、服务质量和员工的外语水平等；硬件方面包括航空港的跑道、候机楼、停机坪、货运设施、维修后勤等。只有这两个方面都达到一定程度，航空港经济的发展才有基础。

2. 地面交通条件

便捷的地面交通是航空港客货流畅通的关键条件之一，这种能够提供顺畅流通环境的能力是企业选址考虑的重要因素。直观地讲，地面交通越畅通，航空港的辐射能力越强，航空港经济发展越有优势。

3. 口岸通关条件

口岸通关条件直接决定航空港经济发展的快慢和成败。高效的货物运作效率、多功能服务、便利的 VAT（增值税）税制等，将有效提高该地区的吸引力和竞争力，促使更多航空港产业落地生根，加快航空港经济的形成和发展。

航空口岸大通关基地项目建设，能够快速完善航空港口岸通关功能，形成高端航空产业的集聚，从而带动区域产业和生活服务体系的升级，实现航空制造、航空物流、总部研发、跨境电商、现代服务等产业集聚的核心引擎。所谓"大通关"是指简化通关手续、缩短通关时间、提高通关效率工程的简称。建设大通关基地则是实现"大通关"的重要途径，它是在口岸及相连接的区域建设的物理设施平台，将目前分散的监管口岸各部门、单位、企业等高度集中起来，从而使得口岸相关的物流环节（包括运输、货代、报关、配送、包装、仓储、装卸等）相对集中，以降低口岸物流成本，提高口岸物流效率。如果以往进出关的商品需要至少2天的通关时间，那么在实现"大通关"之后，时间将有望缩短至3小时以内。在如此高效的运作条件下，企业的时间和仓储成本必将大大缩减，对于商品而言，其价格也必然降低，使消费者得到实惠。

4. 良好的生态环境和附属设施

航空港经济区的生态环境既是吸引高新技术产业和总部经济的重要条件，也是对航空港发展空间保护的一个重要方面。航空港经济区会集聚很多高级管理人员和技术人员，在规划当中应考虑配套的附属设施，包括住宅、学校、医院、金融机构、休闲场所等与航空港经济区发展紧密相连的商务设施。

4.1.2　航空港经济发展外因剖析

1. 地区经济发展水平的提升

地区经济发展水平是航空港发展的依托，地区经济实力越雄厚，航空港发展的基础就越牢靠。依托航空港的发展，航空港核心经济区的形成会加速，同时辐射范围、带动能力进一步增强，从而推动地区产业结构的调整和升级，提升地区经济的发展水平和国际竞争力。所以，航空港产业的选择在某种程度上应考虑与所在区域的经济发展阶段和重要产业相协调。

1990 年至今，我国航空港的发展大体可以划分为如图 4-1 所示的 4 个阶段。

第一阶段：1990—1998 年（1998 年人均国内生产总值 6835 元，折合约 825 美元），航空运输整体增长速度较低阶段。

第二阶段：1998—2003 年（2003 年人均国内生产总值 10600 元，折合约 1275 美元），航空运输增长速度开始加速，但速度并不明显阶段。

第三阶段：2003—2008 年（2008 年人均国内生产总值 23912 元，折合约 3460 美元），航空运输增长速度较为明显阶段。

第四阶段：2008 年至今（2020 年人均国内生产总值 72447 元，折合超过 10000 美元），航空运输增长速度加快阶段，涨幅高于前 3 个阶段。

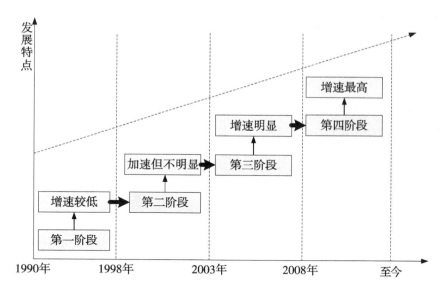

资料来源：历年《中国统计年鉴》。

图 4-1　我国各经济发展水平下航空港发展阶段

进一步分析航空运输总周转量增长率与人均国内生产总值增长率之间的关系（图 4-2）。可以看出，24 年间我国航空运输总周转量增长率的变化，具体体现在 8 个节点的显著变化：1997 年、2004 年、2010 年和 2014 年 4 个高速增长点；2003 年、2008 年、2013 年和 2020 年 4 个快速下降点。可见，不论是增长还是下降，均与经济的变化密切相关。现有数据表明，经济发展水平的高低，会直接影响航空港的发展速度。

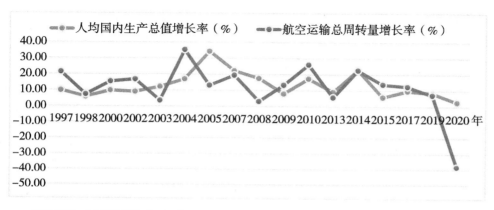

资料来源：《中国统计年鉴 2021》。

图 4-2　1997—2020 年航空运输总周转量增长率与国内生产总值增长率之间的关系

2. 城镇居民消费水平的升级

航空港的发展离不开航空运输业的发展，而航空运输业的发展离不开城乡居民人均收入水平的提高。人均收入水平一旦提高，最显著的改变是消费支出能力增强和消费水平的升级，以旅游消费为主的多样化需求成为可能。这种情况在一定程度上能够促进旅游业的发展，进而推动航空港的快速建设发展（图 4-3 和图 4-4）。

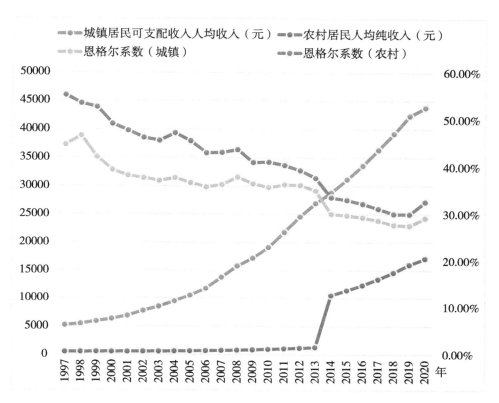

资料来源：《中国统计年鉴 2021》。

图 4-3　1997—2020 年我国城镇居民人均收入变化情况

资料来源：《中国统计年鉴 2021》。

图 4-4　2001—2020 年我国城镇居民人均支出变化情况

航空港建设与管理

3. 综合交通运输体系发展的推动

早在 20 世纪 90 年代末，美国知名教授卡萨达就已提出第五波理论，该理论认为，空运是继海运、水运、铁路和公路之后对区域经济发展的第五次冲击波[30]。随着工业化进程的加快与经济发展水平的提高，航空运输尤其是大型航空港以"长距离、高时效"为标志突破单一的功能，形成以带动力和辐射力著称的临空经济区。

国民经济和社会发展坚持网络化布局、智能化管理、一体化服务、绿色化发展的理念，在经济快速发展进程中，铁路、公路与航空运输形成的以"铁、公、机"为代表的综合交通运输体系的快速发展，有利于航空港健康发展。图 4-5 是 1997—2020 年铁路、公路与民航旅客运输量增长情况。

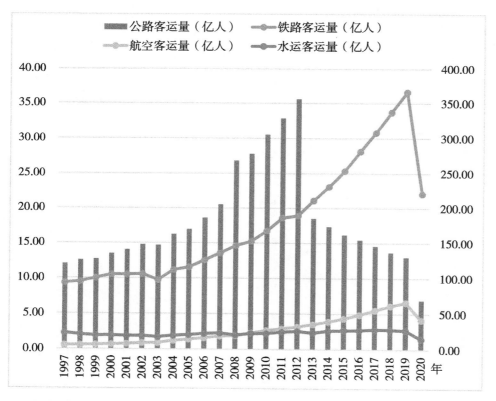

资料来源：《中国统计年鉴 1990》《中国统计年鉴 2021》。

图 4-5　1997—2020 年铁路、公路与民航旅客运输量增长情况

需要指出的是，由于目前行政管理上的条块分割，导致铁路、公路、航空各自发展，协作程度低。如果能够将三者的积极性整合起来统一管理，实现航空港与产业园区管理机构合一，各自的优势就会更加突出。

4. 政府相关政策的支持

航空港建设成功的前提是政府的强力支持。航空港和航空港经济的发展需要政府支持协调的问题很多，离开政府的支持，将会寸步难行。从国家层面看，航空港建设需要国家战略方向的正确指引，郑州航空港建设就是一个典型案例。2013 年 3 月 7 日，国务院批准《郑州航空港经济综合实验区发展规划（2013—2025 年）》，由此，郑州航空港区成为首个上升为国家战略层面的航空港经济发展先行区。从地方政府层面看，航空港的发展从规划、建设、运营和管理等方方面面都离不开当地政府的支持，这些支持主要包括规划控制、征地拆迁、资金投入、空域协调、航权申请、净空保护、交通配套、税收优惠和环境保护等方面。无论是中央政府层面，还是地方政府层面，政府相关政策的支持都对航空港的快速健康发展至关重要。

4.2　航空物流强势发展模式——孟菲斯模式

孟菲斯国际机场位于美国田纳西州孟菲斯市东南 11.2km 处，隶属孟菲斯－谢尔比机场管理局，是世界上最大的航空物流基地、美国西北航空的第三大转运中心、联邦快递的总部所在地。这座只有 130 万人口的美国中等城市，在过去 40 多年中创造了一个航空业的奇迹—— 一个迅速成长的物流公司的入驻使得原本不知名的孟菲斯国际机场一跃成为世界物流中心，赢得美国"航空大都市"的美誉。孟菲斯的临空经济是典型的航空物流强势发展模式[40]。

4.2.1 概况

1. 基本情况

孟菲斯地处美国中南部，1819 年建市。该市传统上就是贸易货栈，最初依赖于密西西比河进行水运贸易。随着铁路的出现，孟菲斯又成为美国中南部的配送之都。美国州际公路网络的发展给孟菲斯带来又一个机遇，使它成为地面交通运输的先行军。孟菲斯机场于 1929 年开通，当时只有 3 个飞机库和一个草皮跑道，每天 4 个航班。1963 年，孟菲斯机场改造，有 22 个登机口。1969 年，机场更名为孟菲斯国际机场。联邦快递公司于 1973 年从邻近的阿肯色州小石城迁至孟菲斯，此后，机场的货运业务量便迅速增长。1992 年以来，孟菲斯国际机场一直是世界最繁忙的货运机场，其中联邦快递的超级转运中心的货运业务就占机场货运总量的 90%。如今，美国联邦快递公司在这里有世界最大的空中货运机群，它的存在使得孟菲斯国际机场成为世界最大的货运机场。

2. 基础设施

孟菲斯国际机场现有 4 条跑道，3 座小型航站楼，1 座货运中心。截至 2017 年，孟菲斯国际机场共有境内航线 96 条，跨境航线 3 条，航线分布以美国国内为主。目前共有 10 家航空公司在孟菲斯国际机场运营。该机场具有货运枢纽的鲜明特色，机场占地约 15km²，南部的 3 条平行跑道（18 ～ 36）呈南北走向，长 3000 ～ 3600m，其中东侧两条近距跑道与西侧跑道相距约 1000m，构成开口呈"V"形的跑道。

孟菲斯国际机场基本数据——航站楼，见表 4-1。孟菲斯国际机场跑道使用情况，见表 4-2。

货物中心附近交通条件便利，且机场拥有着完备的货运设施，具备明显的后勤处理优势。货物中心的建筑设施也非常完备，包括出入方便的货物存储间、交叉性的码头设计、危险品存储间、冷藏间、木工工作间、公共休息室和接待室、办公区域及管理室等，可以满足货物处理的所有需求。

表 4-1　孟菲斯国际机场基本数据——航站楼

航站楼	TA	TB	TC	合计
面积	31532m²	66589m²	26581m²	124672m²

表 4-2　孟菲斯国际机场跑道使用情况

跑道	18C/36C	18L/36R	18R/36L	9/27
尺寸	3389m×46m	2700m×60m	2700m×60m	4200m×45m
方向	南北	南北	南北	东西
容量	144～160 架次/小时			

资料来源：孟菲斯国际机场官网。

3. 货邮巨头

如图 4-6 所示，孟菲斯国际机场呈现出货运为主、客运为辅的典型货邮巨头的态势。

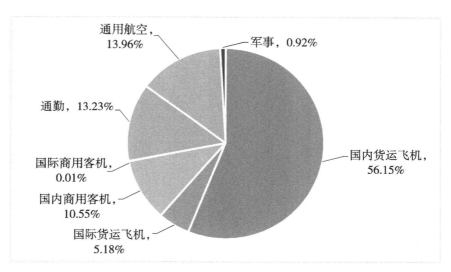

图 4-6　孟菲斯国际机场飞机运营用途分析

4.2.2 发展历程

1. 孟菲斯国际机场 4 个发展阶段总结

通过数据分析，可以发现孟菲斯国际机场的发展大致经历 4 个发展阶段。

第一阶段：低速发展阶段（1929—1972 年）。

孟菲斯机场于 1929 年开通，1969 年更名为孟菲斯国际机场。

第二阶段：快速发展阶段（1973—1992 年）。

1973 年，联邦快递将美国国内货运中心设在孟菲斯国际机场，自 1973 年到 1992 年，孟菲斯国际机场逐步成为全球第一代货邮吞吐量机场，实现从 0～100 万吨的航空货运量快速增长。联邦快递发展史，见表 4-3。

第三阶段：跨越发展阶段（1993—2002 年）。

孟菲斯国际机场货邮吞吐量以 13.2% 的年平均增长率飞速增长，货邮吞吐量在 2002 年突破 300 万吨。

第四阶段：平稳发展阶段（2003 年至今）。

2003 年后，孟菲斯国际机场货邮吞吐量以 2% 的年平均增长率增长，基本保持平稳态势。

表 4-3　联邦快递发展史

年份	里程碑事件
1965	创始人弗里德·史密斯在论文中首次提出"快递系统"
1971	联邦快递公司在美国阿肯色州小石城成立
1973	公司搬迁至田纳西州孟菲斯正式营业，提供航空物流运输服务
1978	公司于纽约证券交易所上市
1980	使用 DADS 协调取件
1981	业务范围扩展至加拿大，开始国际递送服务；于孟菲斯国际机场建立超级转运中心（SuperHub），首创隔夜递送服务
1984	收购 Gelco 快递公司，在欧洲和亚洲均设有办事处

年份	里程碑事件
1989	收购飞虎航空公司（Flying Tiger Line Inc）
1994	正式采用 FedEx 作为其品牌
1998	收购 Caliber System Inc，成立 FDX.Corp
2000	收购 Tower Group International，提供全方位全球贸易服务；FDX 更名为 FedEx Corporation
2002	成为首家也是唯一一家向中国大陆客户推出"准时送达保证"的国际承运商
2005	开通业内首条从上海直飞法兰克福（德国）的欧洲航线，该航线的起点和终点均设在孟菲斯，是环球西行航线的一部分
2009	引入次日达服务
2010	开通首条波音 777 货运航线，并将中国上海与位于美国田纳西州孟菲斯的联邦快递超级转运中心连接起来
2011 年至今	通过合作、结盟、收购等方式不断地拓展业务范围，主要提供隔夜快递、地面快递、重型货物运送等服务

资料来源：根据 FedEx Express 官方网站公开资料整理。

2. 孟菲斯国际机场发展特点

（1）航空收费标准低。

孟菲斯国际机场的起降收费较低，它公益性机场的定位决定了其航空收费水平远远低于亚太和欧洲机场（表 4-4）。由于美国机场的非企业化经营特征，孟菲斯国际机场的航空性收入在短期内无大幅上升空间。

表 4-4　全球机场起降费用对比——以 A320 和 A330 为例　　　单位：元 / 次

机场名称	A320	A330
伦敦希思罗国际机场	日 20211.90	日 22457.64
	夜 50529.75	夜 56144.14
东京成田国际机场	8316.00	24840.00
新加坡樟宜国际机场	6251.06	18114.47
中国香港国际机场	5905.56	15036.17
法兰克福国际机场	4904.95	12167.00
巴黎国际机场	4569.90	11997.00

（单位：元/次）　续表

机场名称	A320	A330
洛杉矶国际机场	4365.40	10111.21
首尔仁川国际机场	4073.30	9273.80
上海国际机场	1848.00	6101.70
孟菲斯国际机场	1423.00	5960.00

资料来源：各大机场年报（2017年），方正证券研究所。

（2）低客流量成为非航业务发展瓶颈。

作为全美最大的货运中转枢纽，孟菲斯国际机场的旅客吞吐量保持着极低水平，而较低的旅客吞吐量同时也限制了其非航收入能力，货邮吞吐量对非航收入的贡献极为有限，导致其非航收入常年保持着较低的水平。

（3）硬性成本较高。

表4-5表明了孟菲斯国际机场营运费用分析情况。航空港重资产的特性导致折旧费和员工管理费用占机场成本的大部分。孟菲斯国际机场的折旧摊销和管理费用（主要为员工薪酬等）加起来占据了60%之多。可见，孟菲斯国际机场的硬性成本较高。

表4-5　孟菲斯国际机场营运费用分析情况

项目	运营费用（千美元）	占比（%）
机场	10131	7.47
航站楼	12895	9.50
地面运输	4364	3.22
管理费用	17533	12.92
安保费用	8727	6.43
其他费用	2757	2.03
利息支出	14914	10.99
折旧和摊销	64357	47.43
总费用	135678	100

资料来源：孟菲斯国际机场年报（2017年）。

孟菲斯国际机场费用分析，如图 4-7 所示。

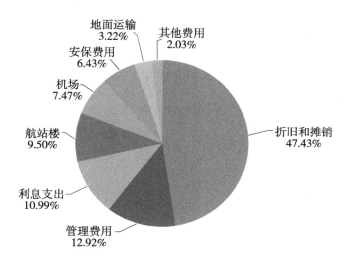

图 4-7　孟菲斯国际机场费用分析

（4）低收费吸引航空公司。

孟菲斯国际机场的发展模式可以简单概括为：低收费吸引航空公司，机场带动物流，物流带动产业，产业带动城市，城市反哺机场。机场和航空城的高速发展带动高新技术产业和高端制造业的发展，每年为当地经济贡献的产值高达 200 亿美元。

孟菲斯国际机场货运拉动经济发展的内在逻辑图，如图 4-8 所示。

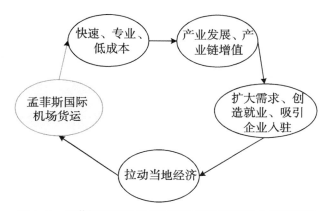

图 4-8　孟菲斯国际机场货运拉动经济发展的内在逻辑图

孟菲斯国际机场对当地的经济发展产生巨大影响，在当地 130 万人口中，每 3 个就业岗位就有一个是航空城提供的。孟菲斯国际机场对当地国内生产总值的贡献率由 2007 年的 25.7% 上升到 2017 年的 35%（表 4-6）。低收费吸引航空公司入驻，再带动航空城经济发展，正是孟菲斯国际机场公益性的体现。

表 4-6　典型机场拉动地方经济对比

机场名称	创造当地生产总值（亿美元）	占当地生产总值比例（%）	创造岗位（个）
美国孟菲斯国际机场	233.0	35	139820
首尔仁川国际机场	280.9	7.7	90000
中国香港国际机场	124.1	4.6	148158
美国丹佛国际机场	223.0	14.2	217459
法国巴黎机场集团	306.0	30.0	300000

资料来源：各个机场公司年报，方正证券研究所。

4.2.3　经验小结

1. 完备的发展体系

孟菲斯国际机场发展的成功离不开联邦快递，联邦快递业务与机场发展相辅相成。联邦快递提供"快递 + 航空物流"业务，保障孟菲斯国际机场充足的货源，联邦快递几乎贡献了孟菲斯国际机场的全部货运量（95% 以上）。60 多年来，孟菲斯国际机场从重要的地方机场发展成国际瞩目的货运客运中心，最终演变成美国的"航空大都市"，这自然与联邦快递的入驻密不可分，可以说"一个物流公司成就了一个国际机场"。联邦快递采取"轮轴 – 轮辐"转运中心模式，即货物在大型的中心机场之间被运送，再转机前往靠近目的地的支线机场。联邦快递 95% 以上的货物都要通过孟菲斯机场超级转运中心进行处理，超级转运中心向全球 220 个国家和地区提供服务。每个月有超过 5000 次航班通过孟菲斯超级转运中心，连接联邦快递服务的每一个市场。

此外，孟菲斯国际机场综合交通系统完善、地面多式联运条件充足，促进了孟菲斯航空货运枢纽高速发展。完善的地面公路、铁路及水路运输通道，强力支撑着孟菲斯国际机场航空货运业务的开展。综合交通运输体系不仅可以提升交通集散条件，支持多式联运发展，还能够扩散航空运输腹地资源，推动孟菲斯国际机场逐渐发展成大型航空货运枢纽。

2. 优越的地理位置

孟菲斯市地理位置优越，气候条件适宜，具有发展航空货运的天然优势。孟菲斯市得天独厚的地理位置很少受飓风、暴风雪或结冰天气的影响，夜间也不受噪声影响，这使得孟菲斯国际机场成为开展航空货运业务的绝佳场所。孟菲斯市处于美国国内航线网络的中心、著名的俄亥俄快递中枢带上，东西兼顾，南北适中，两小时以内的航程几乎覆盖了全美所有大中城市。孟菲斯市是美国中南部地区的水陆交通枢纽，以其为中心的高速公路、铁路网四通八达，4 个小时的车程可以到达美国中南部的大多数城市。孟菲斯国际机场优势分析，见表 4-7。

表 4-7 孟菲斯国际机场优势分析

机场优势	具体阐释
天时	孟菲斯市气候温和，地形平坦，利于飞机起降，同时优良的地理位置使其很少受美国恶劣天气的影响
地利	地理位置优越，地处南方城市群与北方城市群航线的交叉地带
水路	密西西比河横穿孟菲斯市市区
公路	拥有两条洲际高速公路，货运卡车 4 小时的车程可以抵达美国中南部的大多数城市
铁路	铁路四通八达，拥有 5 条一级铁路

3. 超前的规划和设计

孟菲斯国际机场超前的规划和设计，确保机场的可持续发展。随着联邦快递的不断发展和孟菲斯国际机场的航空货运量的不断增加，孟菲斯国际机场及时更新和完善地面物流设备设施及其他硬件设施，从而满足机场航空货运量和联邦快递的运作，包括出入方便的货物存储间、交叉性码头设计、危险品存储间、冷藏

间、木工工作间、公共休息室和接待室，以及办公区域和管理室；跑道、机库、航站区及多个货物中心，均处于世界领先水平。

4.3 物流与商务并重的发展模式——法兰克福模式

法兰克福国际机场又称莱茵－美茵国际机场（简称法兰克福机场），是位于德国法兰克福市中心南方约 12km 的一座民用机场，由 Fraport 公司运营管理，为法兰克福及整个"法兰克福／莱茵－美茵都会区"提供航空服务。法兰克福机场是德国最大的机场、欧洲的第二大机场，也是全球各国际航班重要的集散中心。其客运量居欧洲第二位，货运量居欧洲首位，是全球十大机场之一。该机场在做大航空运输的同时大力发展国际商务，法兰克福的临空经济是典型的物流与商务并重发展的机场经济模式[41]。

4.3.1 概况

1. 基本情况

法兰克福机场正式启用于 1936 年，海拔高度为 111m（364 英尺），占地面积为 4942 英亩。该机场共有 4 条跑道、2 座主客运航站楼（1 号、2 号航站楼）和 1 座较小的汉莎头等舱航站楼，与 2 号航站楼相比，1 号航站楼的历史更为悠久，占地面积也更大，每年可容纳旅客约 5000 万人次。它被分成 3 个大厅，主要由德国汉莎航空公司和它的星空联盟成员使用。2 号航站楼被设计成类似古典火车站的样子，由两个大厅组成，每年可容纳旅客约 1500 万人次。另外的汉莎头等舱航站楼为汉莎航空公司的专用建筑，由德国汉莎航空公司运营管理，每天能提供约 300 人次的旅客服务。

2. 基础设施

如前所述,法兰克福机场共有 4 条跑道(表 4-8),2 座主客运航站楼(表 4-9),设计旅客年吞吐量 5400 万人次。第四跑道建成后,南跑道与西北跑道、北跑道与西北跑道至今均能实现平行着陆,高峰小时容量由 83 架次骤增至 126 架次。航站楼利用率高达 113%,已超负荷运转。需要说明的是,3 号航站楼投入运营前,机场仍将陷入 4 ～ 5 年的产能瓶颈期。

表 4-8　法兰克福机场的跑道信息

跑道	07C/25C	07R/25L	18	07L/25R
长度	4215m×45m	2700m×60m	2700m×60m	4200m×45m
方向	东西	东西	南北	东西
建造时间	1936 年	1949 年	1984 年	2011 年
容量	高峰:126 架次 / 小时			

表 4-9　法兰克福机场的航站楼信息

航站楼	1 号航站楼	2 号航站楼
设计产能(万人次)	3000	2400
建造时间	1972 年	1994 年

4.3.2　发展重点

法兰克福机场拥有总面积 149 万平方米的南北两个货运城,以及专业易腐(鲜货)货物处理中心。法兰克福机场共有境内航线 26 条,跨境航线 506 条,航线分布以欧洲为主,89 家航空公司运营飞往 112 个国家、304 个机场的定期航班,26 家航空货运公司运营飞往 47 个国家的 82 个目的地、88 个机场的货运航班。

1. 发达的航线网络

法兰克福机场发达的航线网络便于国际参展物品的运输;便捷的地面交通连接和运输途径,可以保证参展物品更安全、更准时、更可靠地到达。便捷的航空运输惠及法兰克福地区的会展业，使该地区成为欧洲名列前茅的展会大都市，每年举办的各类展会超过 50 个，其中有 15 个展会是其行业中规模最大的世界级展会，如法兰克福国际车展、法兰克福书展、法兰克福春季消费品展和法兰克福礼品展。

2. 注重外延扩展

近几年，法兰克福机场航站楼陷入产能瓶颈期，受叠加航空管制、暴雪、工人罢工事件的影响，机场生产经营的外部环境持续恶化，经营数据增速全面放缓，内生增长提速难度较大。

面对逆境，法兰克福机场在航空性业务、零售地产业务、新兴市场机场投资业务领域中均具备增长空间。其中，新兴市场机场投资业务对利润的增厚作用已初见成效，有望成为新的利润增长点。

3. 打造数字化货运中心

法兰克福机场与汉莎航空公司合作建立新的货运中心，在数字化处理方面加大投资，向曾经的欧洲货运"霸主"地位再度发起挑战。

未来，法兰克福机场的货运业务有望形成供需两旺的局面。一方面，欧洲工商业要塞、德国金融中心的战略意义创造了旺盛的货运需求；另一方面，伴随航空管制的逐步放开，机场现有货运基础设施将为机场打造高效的货运设施布局（表 4-10）。

表 4-10　法兰克福机场货运设施布局

货运基础设施	规模	作用	备注
蒙迟霍夫物流园	占地 100 公顷，建筑面积 110 万平方米	以物流和大规模商用为主，以办公、酒店、餐饮为辅	主要客户：Zoth、Weichinger、政府机构、汉莎航空公司
货运城	南北货运城总面积达 149 万平方米	聚集了 200 多家货运、快递、转运公司	主要客户：亨利物流公司、汉莎货运、德国邮政、敦豪丹莎空运和海运公司

货运基础设施	规模	作用	备注
动物休息室	面积 3750 平方米	负责动物运行休息和医疗服务，包括 42 个畜栏，12 个温度控制调节室	完成对动物的护送、休息和清洗，实施 24 小时视频监控
鲜腐中心	9000 平方米的仓储区	实现温度可调节的存储，拥有 20 个不同温度的调节区	年处理鲜、腐货物 10 万吨

4.3.3　经验小结

1. 优越的地理位置

法兰克福是德国重要的工业、商业、金融和交通中心，被称为德国的"心脏"，法兰克福机场作为国际枢纽机场，不仅是欧洲所有机场中中转率最高、中转旅客数量最多的机场，也是欧洲境内货运航班数量相对较大的集散点，以其为中心 3 小时之内可以覆盖欧洲的主要城市，通过中转到达美洲、大洋洲和非洲等大部分国家和城市，辐射范围较广。优越的地理位置和区位优势，造就了法兰克福机场建设管理的先天因素。

2. 强大的基地航空公司支撑

作为星空联盟在欧洲的最大枢纽机场——法兰克福机场，其 70% 的客源是由星空联盟成员贡献的，仅汉莎航空公司就给法兰克福机场贡献了约 60% 的旅客吞吐量。法兰克福机场与汉莎航空公司的密切合作伙伴关系，是汉莎航空公司在法兰克福不断开拓市场的根本保证。基地航空公司与枢纽机场之间建立长期战略合作关系。基地航空公司积极参与机场建设，机场高度重视基地航空公司的建议，深刻了解并充分满足其要求，双方在资金投入、流程设计、航线布局、地面交通、临空经济发展等方面共同规划，通力合作，实现互利共赢，成功打造大型航空枢纽。

除了对基地航空公司的高度重视之外，法兰克福机场同样重视"新生力量"。虽然对新通航至法兰克福机场的航空公司不会给予资金上的直接支持，但法兰克福机场通过帮其寻找合适的地区代理机构、提供广告宣传、提高航空公司的飞机日利用率等方式提供间接支持。

3. 发达的综合交通体系

早在 1972 年，法兰克福修建 1 号航站楼时，就将铁路纳入机场，这使法兰克福机场成为全球第一家拥有直达铁路运输服务的机场。"空铁联运"不是停留在物理上的连接，而是真正能提供空铁联程服务。铁路设施（区域铁路、高速铁路）与机场直接衔接，使旅客可以通过铁路便捷地进出机场，同时机场和航空公司为旅客提供完善的铁路和飞行直接的联程，具体表现为：在机场附近的远程火车站里，提供乘机办票柜台和行李输送系统；航空公司和德国铁路实现代码共享，旅客可以通过航空公司的订票系统购买联程票，从而使空铁联运换乘衔接时间尽量达到最短。通过清晰的枢纽机场的地位，法兰克福机场提供的"空铁联运"服务，既扩大了机场服务的腹地范围，加强了机场的枢纽功能，增加了客货运量，又提升了机场的竞争优势。

4. 完备的运营管理体系

法兰克福机场由法兰克福机场集团运营管理，具有高度的整合能力和管控体系。该集团的主要股东包括德国黑森州政府、法兰克福市政府投资公司、汉莎航空集团和投资公司及社会公众，该集团是 2017 年全欧股价涨幅第一位的机场运营商。法兰克福机场集团在法兰克福机场共有 24 家子公司，涵盖安全、信息、能源、地面服务、清洁、基础设施建设、咨询、保险与地产等几乎所有机场区域业务。其中，与航空性主业紧密相关的业务，几乎全部由机场集团控股，其他一些专业性强的辅助业务则以参股为主。作为服务提供商，法兰克福机场集团将服务品质作为集团发展的核心目标。在履行服务的同时，注重产品开发和数字化服务的成本效益，旨在打造具备创新商业理念的学习型组织。

法兰克福机场集团旗下主要机场的持股比例及经营状况，见表 4–11。

表 4–11　法兰克福机场集团旗下主要机场的持股比例及经营状况

机场	国家	持股比例（%）	旅客吞吐量		货邮吞吐量		起降架次	
			吞吐量（万人次）	增长（%）	吞吐量（万吨）	增长（%）	架次（万架次）	增长（%）
法兰克福机场	德国	100	6078.7	−0.4	211.4	1.8	46.3	−1.1
卢布尔雅那机场	斯洛文尼亚	100	140.5	−2.3	1.0	2.4	3.3	−0.6
利马机场	秘鲁	70	1884.5	10.1	28.8	−4.3	17.7	6.3
布尔加斯机场	保加利亚	60	287.9	22.0	1.1	−18.0	2.1	14.2
瓦尔纳机场	保加利亚	60	169.0	20.8	0.3	>100	1.5	23.9
安塔利亚机场	土耳其	50	1902.8	−30.9			12.5	−27.1
汉诺威机场	德国	30	540.9	−0.8	1.9	8.2	7.6	0.0
普尔科沃机场	俄罗斯	25	1326.5	−1.7			13.3	−3.8
西安咸阳国际机场	中国	24.5	3699.7	12.2	23.4	10.5	29.0	8.8

资料来源：法兰克福机场年报（2017 年）。

4.4　以休闲产业为主的发展模式——仁川模式

仁川国际机场位于韩国首尔市中心以西 52km 处的仁川市，坐落于永宗岛和龙游岛之间，是韩国最大的民用机场，是年均可出入境 1 亿人次的大型国际机场，也是东北亚货运枢纽。2001 年 3 月 29 日，仁川国际机场正式通航；2008 年 6 月 20 日，仁川国际机场卫星厅启用；2018 年 1 月 18 日，仁川国际机场 T2 航站楼启用。仁川国际机场是韩国最具代表性的国际机场，连续 12 年荣获"全球最佳机场"称号，被称为最安全的机场。除"全球最佳机场"外，仁川国际机场还在"亚太地区最佳机场""最佳大型机场"和"亚太地区最佳大型机场"

评选中位居榜首。在众多的文化娱乐设施的衬托下，仁川国际机场的物流、金融、贸易等是在较为轻松愉悦的环境下发展壮大起来，临空经济发展是以休闲产业为主的模式[42]。

4.4.1　概况

1. 基本情况

仁川国际机场位于韩国北方最大的京仁经济区的西部出海口，区内集中了全国 1/3 的人口和 1/2 的 GDP。背靠客货运需求旺盛的经济带和得天独厚的空运区位，是该机场能成为东北亚航空枢纽的主要原因之一。韩国政府利用本国位居亚洲与北美、欧洲空中交通交汇点的优势，利用面向中国、日本、俄罗斯等重要国家的空中走廊的天然条件，决定在仁川的"永宗岛·松岛·青萝岛"填海造田，把仁川国际机场作为提高国家形象的国家级项目来进行投资和管理，该机场是韩国政府有史以来最大的国家投资工程，政府先后投资近 50 亿美元进行机场的建设，并把机场的建设作为对外服务的窗口和改善国家形象的工程进行管理，在资金投入、政策优惠、对外宣传和招商引资方面，韩国政府也都给予了大力支持。

2. 基础设施

目前，仁川国际机场共有 2 座航站楼，3 条跑道，具体信息分别见表 4–12、表 4–13。仁川国际机场四期建造计划，见表 4–14。

表 4–12　仁川国际机场的航站楼信息

航站楼	T1 航站楼	T2 航站楼	货运区
面积（万平方米）	50.5	38.7	13

表 4–13　仁川国际机场的跑道信息

跑道	15L/33R	15R/33L	16/34
长度	3750m × 60m	3750m × 60m	4000m × 60m

表 4-14 仁川国际机场四期建造计划

分期	一期工程	二期工程	三期工程	四期工程
起止时间	1992.7—2000.7	2002.6—2008.6	2011.1—2018.1	2018.1—2023.1
建造内容	建成 49.6 万平方米的航站楼、2 条平行跑道、塔台、行政管理中心、综合运输大陆、中央营运中心、3 座货运中心、国际商务中心以及政府督导办公室	建成全长 4000m 的第三跑道和 16.5 万平方米的客运廊，通过一条长 870m 的地下轨道和主航站楼相连。装配 ASDE-X 雷达追踪系统和 ADS-B 系统	扩建现有货运区，和客运廊一样，新建成的航站楼和主航站楼之间以地下轨道交通相连。扩建现有的停机坪，升级机场来往市区的铁路	扩建第二航站楼，新设第四跑道。全体完工后，机场将拥有 2 个旅客航站楼、4 座卫星客运廊、128 个登机口及 4 条跑道

仁川国际机场为了发展非航收入，大力打造了世界顶级商圈——天空之城，包括国际商务中心一号、二号和三号，于 2020 年建成。天空之城项目现有 4 个大型酒店（1700 个房间）、4 个商务场所（1900 个办公室）、韩国最大的高尔夫球场（72 洞）、1 个赛艇训练中心、1 个宝马驾驶体验中心。天空之城项目的具体情况见表 4-15。

表 4-15 天空之城项目的具体情况

项目名称	具体情况
国际商务中心一号	酒店、会议中心、大礼堂、商业设施等，位于 1 号航站楼南边，占地 330000m²
国际商务中心二号	主题公园、水上公园、水族馆、体育馆、赌场，位于机场北部，占地 3274000m²
国际商务中心三号	旅馆、办公室、住宅楼，占地 161000m²

4.4.2 发展历程

1. 航空城发展定位

表 4-16 为仁川航空城战略发展历程表。在表 4-16 的基础上进行凝练，得出 2020 年以来仁川航空城战略发展路线，即航空城 - 航空港国际经济区 - 国际自由贸易航空城，仁川航空城战略发展路线图如图 4-9 所示。

表 4-16　仁川航空城战略发展历程表

内容	前期	第一阶段	第二阶段	第三阶段
时间节点	1990—2001 年	2002—2020 年	2020—2030 年	2030 年以后
战略定位	世界一流航空城，东北亚第一航空城			世界第一流的海陆空自由贸易的综合交通港
战略任务	战略定位、战略规划、工程建设和业务运营	战略协同，功能完善，初步具备航空城的雏形	投资模式、运营模式和管理模式已经形成，"空陆海"战略协同发展的航空大都市初具规模	创造"空陆海"战略协同发展的国际自由贸易综合交通港
战略目标	完善基础设施建设，完成跑道 1 工程建设和运营	完善软硬件环境，打造"永宗岛、松岛和青萝岛"三位一体的航空大都市	积极创造"仁川市与仁川港、仁川航空城"融为一体的国际自由贸易综合交通港	
产业政策	制定适合国际航空大都市发展的制度、政策和法律文件		根据外部环境动态调整相关制度、政策和法律文件	
招商目标	① 聘请国际著名机构对仁川航空城进行规划设计 ② 针对国际大财团、大跨国公司进行精准招商		为发展国际航空大都市或国际自由贸易综合交通港而进行战略调整招商合作伙伴	

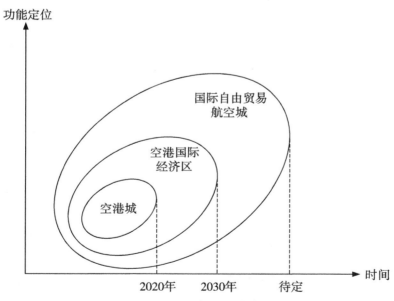

图 4-9　仁川航空城战略发展路线图

仁川航空城终极发展目标就是构建国际自由贸易机场，将仁川市区、仁川港（海港）、仁川国际机场、仁川航空城融为一体，使其发展成为世界第三大自由贸易区。为此，仁川航空城在功能定位、城市定位、创新环境等方面不断进行优化，以适应国际化大都市发展的诉求，以提高仁川航空城或航空大都市的核心竞争力（图 4-10）。

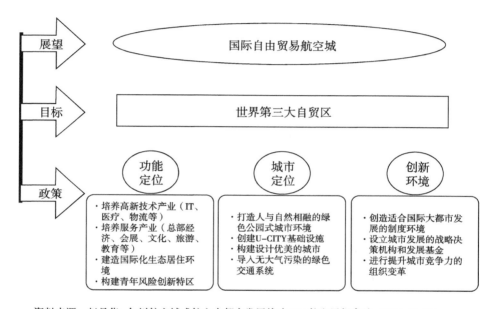

资料来源：赵月华. 仁川航空城或航空大都市发展战略 [N]. 航空思想高地. 2017-02-26.

图 4-10　仁川航空城战略定位结构图

2. 零瑕疵运行及零失误运营

仁川国际机场依靠世界级的安全管理系统和尖端的安全技术设备，确保零瑕疵运行及零失误运营（表 4-17）。

表 4-17　仁川国际机场零瑕疵运行设备保障

设备种类	具体内容
降落系统（CAT IIIb）	该系统可以保证即使 75m 跑道视程这种恶劣天气下仍可以正常降落（一般跑道视程低于 200m 界定为极端恶劣天气）

续表

设备种类	具体内容
助航设备（Navigation Aids）	定期更换机场航站楼信息系统（Airport Terminal Information Service, ATIS）和甚高频全向信标（VHF Omni-directional Range, VOR），定位更准，信息传送更稳定、及时
消防设备	常备 208 名消防员、23 辆消防卡车，可以在 3 分钟内响应火灾预警
防恐	常备超过 700 人的防恐部队，包括特勤和防爆小组

仁川国际机场的智能行李搬运系统的空载行李率只有不到 0.0011%，这一比例是目前世界最低水平。该系统可以保证行李的高速运转，启程阶段行李搬运在 26 分钟以内，中转阶段行李搬运在 19 分钟以内，到达阶段行李搬运在 18 分钟以内。入境旅客到达机场平均处理时间只需 11 分钟，远低于国际民航组织的 45 分钟国际平均标准；其出境旅客离港时间只需要 19 分钟，远低于全球 60 分钟平均标准。此外，运用高科技和环保理念，打造全球第一个数位城市（U-city）概念的新都市，以此战略性地吸引跨国企业及商务人士入驻。

3. 具体情况分析

仁川国际机场的航线主要集中在中国、日本和东南亚地区，且这三个地区的旅客吞吐量和起降架次均保持着 8% 左右的稳定增速。仁川国际机场中转旅客的数量在总旅客吞吐量中占比偏低，但是由于公司不断扩展国际航线，并且向中转旅客提供一些优惠措施，中转旅客的数据在稳步增长，近年增速为 2.7%。其中中国航线的中转旅客增长的势头最猛，在 MERS 综合征爆发的背景下依然取得了 9.6% 的同比增长。在今后的发展中，中转旅客数量是仁川国际机场想发展成为枢纽机场必须加强的一部分内容。

仁川国际机场自投入使用以来，客货吞吐量逐年增长，年平均增长率为 6.2%，一直是韩国进出口的主要门户。最新数据显示，2019 年仁川国际机场共完成旅客吞吐量 7116.9722 万人次，同比增长 4.3%；货邮吞吐量 376.5649 万吨，同比下降 5.3%；飞机起降 40.4104 万架次，同比增长 4.3%。

4.4.3　经验小结

1. 强大的国家战略地位导向

仁川国际机场的成功首先得益于国家战略定位、政府及相关部门的全力支持与配合。韩国政府着手从制造业经济向枢纽经济转型，在这个转型过程中，突出强调枢纽机场、基地航空公司、航空大都市的发展，给予政策和税收方面的大力支持，协调海关等联检单位全力配合枢纽机场建设，设立自由贸易区，吸引国际投资，高效通关服务领先全球标准。

仁川航空城或航空大都市目标是打造"世界一流航空城，东北亚第一航空城"。韩国中央政府加大对仁川经济自由区和仁川国际机场集团的战略指导和行政政策的支持，通过制定适合国际航空大都市发展的制度、政策、法律文件和优惠政策，以及面向世界大财团、大型专业机构的精准招商，极大地促进了"永宗航空城、松岛新城、青萝新区"三位一体的协同发展，以及仁川航空大都市功能专业化、产业集约化、城市功能化的快速发展，从而打造"航空港、海港、信息港、商业港、休闲港"五港一体的国际自由贸易航空城（图 4-11）。

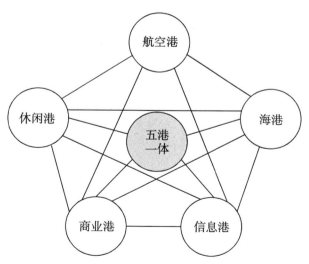

图 4-11　仁川航空城五港一体结构图

具体来看，永宗岛面积最大（138km²），是仁川国际机场所在地。该岛有"水之翼"之称，利用海水环绕的优越环境，除发展航空物流外，大力开发休闲、旅游产业，在航空港四周建设了梦幻主题公园、水上运动公园、航空城公园、时装主题公园4个大型休闲旅游项目，以优质的人文生态环境凸显自由经济区的特色。松岛（53km²）以国际商务、研发、教育、文化、居住等功能为特色；青萝新区重点建设国际金融中心、外籍职工居住区，以及相应的休闲娱乐配套设施（如高尔夫球场、运动休闲中心）。

在此基础上，仁川航空城到2030年将实现世界一流航空大都市的中期战略设想，使其在空间、功能、产业、交通、城市、生态、文化、社区等方面走向完备的发展体系，在航空城的发展理念、核心价值观、发展模式，以及投资模式、运营模式和管理模式等方面，创造世界独一无二的发展体系和运营体系，形成仁川航空城独特的发展新模式。

2. 优良的航线网络建设

仁川国际机场具有优良的航线连接性和实力雄厚的基地航空公司航线网络，主要体现在：无须中间经停，直达北美；在3.5小时的航程内覆盖51座人口超过100万人的城市；与中国部分城市的连接性比日本成田机场好，而与日本城市的连接性又比上海、北京等地的机场好。将仁川国际机场作为基地的韩国最大的两家航空公司——大韩航空和韩亚航空，旅客运输量已经占到韩国全部旅客吞吐量的65%，通航30多个国家的城市。此外，仁川国际机场提供多种运输方式的连接，呈现"海陆空铁"多式联运模式，航空地域优势和地面交通优势的有机结合，使其中转枢纽效率大大提高。

3. 令人耳目一新的文化娱乐产业

在机场免税店Airstar Avenue里，有提供上网和各种商务服务的免费上网区、展示韩国传统文化的传统文化体验馆以及让人如入葱翠山林般的明星花园。具体来看，仁川国际机场免税店拥有 500 多个品牌，还拥有丰富多彩的文化艺术项目，以及豪华酒吧和休息室、网吧、电影室、桑拿房、淋浴房和儿童区。韩国特色的四季园林景观为游客的旅程增添了一点儿意外惊喜。韩国文化博物馆和传统文化体验中心，给游客提供了体验韩国传统习俗的机会。如果说樟宜国际机场的机场花园让游客流连忘返的话，那么仁川国际机场的音乐会则是全球首创。例如，新年音乐会、春季音乐会、美妙夏季音乐会等，每年连续不断变换主题的音乐会成为仁川国际机场一道亮丽的风景线。文化娱乐等休闲产业推陈出新，使仁川国际机场在全球机场竞争中脱颖而出。

4.5　多元化综合性的发展模式——史基浦模式

阿姆斯特丹史基浦机场又名阿姆斯特丹国际机场，位于阿姆斯特丹市西南方的市郊，距离市中心约 9.1km，是荷兰首都阿姆斯特丹的主机场，也是荷兰的空中门户，是重要的北欧空中门户与航空网络中心，是欧洲第五大、世界第十四大繁忙的机场。经过多年的发展，史基浦机场已经成为一个集商务运营、产品开发、高新技术研发、信息与人才共享、企业合作等于一体的横向关联度极高的现代化机场。此外，在周边地区诸如购物、休闲、餐饮、住宿和博物馆等服务产业飞速发展的同时，空间扩散现象也日益明显，在机场经济全面覆盖机场服务业的同时横跨三大产业。其临空经济区是国民经济突出的增长极，其物流园区是欧洲物流集散中心，其机场商务区是"欧洲商业界的神经中枢"。前述孟菲斯模式、法兰克福模式和仁川模式这 3 种模式的临空经济，都是围绕航空运输业各有侧重地发展相关的服务业，基本上没有超越第三产业的范畴。史基浦模式的最大特色是实施第一、第二、第三产业的联动发展，是多元化综合性发展模式的成功典范[43]。

4.5.1 概况

1. 基本情况

荷兰虽然只有 1600 万人口，但荷兰人把史基浦机场定位为欧洲的门户，希望乘客可通过史基浦机场转机到欧洲各地。该机场海拔为 −3m（−11 英尺），是世界主要的商业机场中海拔最低的机场之一。史基浦机场有一个大型的航站楼，机场的所有设施都位于该航站楼下，航站楼内设有约 165 个登机桥。同时，航站楼内还设有购物广场"史基浦广场"，可供旅客休闲购物。此外，机场有世界最高的管制塔台，高 101m（331 英尺），于 1991 年建成。

2. 基础设施

史基浦机场目前拥有 3 座航站楼，6 条跑道（5 条可以起降大型民航机的主跑道，1 条主要供通用航空使用的辅助跑道）。3 座航站楼（T1、T2 和 T3）位置都十分靠近。火车站台位于航站楼底下，乘客可以十分方便地从火车站到达值机区域，或从机场行李提取处到达火车站。史基浦机场跑道使用情况见表 4-18。

表 4-18　史基浦机场跑道使用情况

跑道	长度	跑道	长度
04/22	2014m×45m	18C/36C	3300m×45m
06/24	3500m×45m	18R/36L	3800m×60m
09/27	3453m×45m	18L/36R	3400m×45m

值得说明的是，史基浦机场拥有全世界第一个设在机场内的博物馆——阿姆斯特丹国立博物馆史基浦分馆。该馆展出许多荷兰 17 世纪艺术大师的作品，让参观者感受到"荷兰黄金时代"的辉煌。国立博物馆史基浦分馆也定期安排不同展览，作品大多仍来自国立博物馆本馆的收藏。国立博物馆史基浦分馆位于史基

浦机场的荷兰大道 E 开头与 F 开头的登机门之间。

4.5.2 临空经济发展现状

荷兰政府特别重视机场和荷兰皇家航空公司的发展，使史基浦机场成为全球航空运输的枢纽，进而最大限度地增加了该机场的客货流量。依靠这种方式，荷兰空中网络的连通性得以维持和加强，并在高科技企业的带动下实现经济向现代产业结构的过渡。以航空产业为基础，史基浦机场本身已发展成为"机场城市"，聚集 2000 多家国际公司，形成八大产业集群，成为阿姆斯特丹市的突出增长极。目前，发展至成熟期的史基浦机场地区的产业类型体现出明显的临空指向性。

史基浦机场周边地区主要产业类型与重点企业名录，见表 4-19。

表 4-19 史基浦机场周边地区主要产业类型与重点企业名录

产业类型	重点企业
航空物流产业	DHL、TNT、联合包裹（UPS）、联邦快递（FedEx）、嘉里物流（Kerry Logistics）、VCK、VAT Logistics、泛亚班拿（Panalpina）等
宇航产业	荷兰皇家航空、波音、贝尔直升机、霍尼韦尔航空航天、Dixie Aerospace、Stork Fokker Services、Thales International、罗克韦尔克里斯等
电子信息产业	IBM、美国电报电话公司、BMC Software、思科、惠普、Juniper Networks、微软比荷卢、日本电器、尼康、理光、欧姆龙、LG 等
生物医药产业	雅培、博士伦、默沙东、爱德士生物科技等
高档时装产业	Hugo Boss、Tommy Hilfiger、G-star、Gucci Group、Blue Blood、Nextin Line 等
金融咨询产业	贝克麦肯国际律师事务所、东京银行、ABNAmro、三菱 UFJ 金融集团、花旗银行、毕马威、普华永道、美林证券等

资料来源：中国民航大学临空经济研究所.荷兰史基浦机场周边地区临空产业发展案例［J］.中国民航大学.2011（11）：8-10.

4.5.3　经验小结

1. 发挥政府引导，提升临空经济战略定位

在 20 世纪 80 年代史基浦机场的扩建过程中，荷兰政府从国家战略的高度对机场周边发展进行定位与规划，针对机场地区的特殊性给予独立而完整的规划，机场周围用地预留充足，为其可持续发展提供了更大的空间。荷兰政府在 1988 年制定的《国家规划与发展报告（第 4 版）》中，将史基浦机场定位于国家发展的中心地位，具体体现在：首先，使其成为欧洲配送中心；其次，在全球化进程中，使其成为荷兰吸引物流与客流的磁石；最后，将史基浦机场区域纳入荷兰住宅空间计划及环境部所负责的全国空间规划。此外，荷兰政府通过国家控股的专业地产机构主导机场周边的具体规划和建设，与史基浦机场集团、阿姆斯特丹港口集团等组织形成一个利益共同体来推动开发的顺利进行。

2. 长期规划与动态调整相结合，推动临空经济科学发展

史基浦区域发展公司（Schiphol Area Development Company，SADC）在史基浦机场发展的不同时期，对机场区域的发展定位进行不断调整，以适应整个区域经济的发展形势与市场变化。该机场区域最初的发展定位是航空城，为应对市场变化，史基浦区域发展公司动态调整策略，不断完善机场区域规划，引导机场区域的持续发展。目前，史基浦机场区域已经成为荷兰经济发展的中心地区和欧洲商业的神经中枢。

史基浦机场区域发展蓝图，见表 4-20。

表 4-20　史基浦机场区域发展蓝图

阶段	初始阶段	成长阶段	成熟阶段
定位	航空城	多功能航空城	国际商业中心

续表

阶段	初始阶段	成长阶段	成熟阶段
主要内容	酒店、停车场、购物中心、写字楼、货运设施、飞机维修基地	开发区域沿交通要道向外延伸 商务酒店、工厂办公混合型建筑、多功能写字楼、居民住宅	向北向南延伸更远，开始与传统市中心接壤 会议中心，主体购物广场，国际企业总部，新型酒店，商品批发市场
主要客户群	商铺、餐馆 航空公司 地勤公司 维修公司等	高科技公司 金融咨询公司 创意产业公司 物流服务商	金融和物流服务商 通信科技产业 生物科技产业 高端旅客

资料来源：中国民航大学临空经济研究所．机场周边地区发展经验借鉴［J］．中国民航大学．2009（12）：17．

3. 依托航空港发展，优化临空产业结构

史基浦机场在 19 世纪 80 年代扩建之前，机场周边产业类型多为第一产业，随着史基浦机场的扩建，旅客吞吐量持续增长，机场周边产业的临空指向性日益增强，周边业态从传统产业逐渐转型升级为第三产业，产业类型也从较为单一变为更加多元化的第一、第二、第三产业联动发展，主要产业类型包括航空物流产业、宇航产业、电子信息产业、生物医药产业、高档时装产业、金融咨询产业、高科技研发以及航空制造与维修产业，并形成这几类产业的产业聚集。园区产业类型逐步向航空物流、航空维修等航空核心产业，以及总部经济，高科技研发等航空引致产业转变。

4. 发展多式联运，强化临空经济区资源配置功能

在发展初期，阿姆斯特丹依托海港促进城市经济发展，但是随着城市产业结构的调整、传统产业的优化升级，机场在带动区域经济方面的作用日益凸显，临空经济逐渐成为城市发展的一大增长极；同时，这类城市也逐步从"大海港，小机场"的发展中逐步转向"海港＋机场"的双轮驱动发展。

综上所述，机场周边的产业是伴随着机场和区域的发展而不断演化的。在发展初期，靠近机场区域的产业主要集中在它的地方传统产业上，产业与机场之间的联系不明显。随着临空经济区的形成与发展，机场周边将会越来越多地集聚一些更加依赖机场的产业，而这些产业也在无形当中带动了临空经济区产业结构的进化。临空经济区的形成是一个逐渐的过程，对于临空经济区产业来说，其伴随着临空经济区的形成与发展，也处于一种逐渐优化、进化的发展态势。临空经济区的核心竞争力是其资源配置能力优于其他地区，可以更好地实现机场与海港的联动，整合临空经济区内各种交通运输资源，发展多式联运，将不断拓展临空经济区的空间辐射能力。

4 个不同的临空经济产业发展模式及其代表机场，如图 4-12 所示。

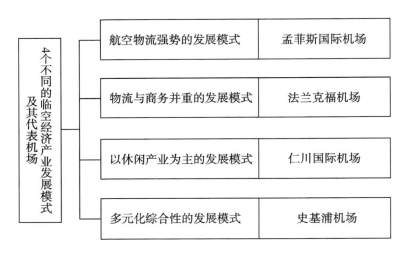

图 4-12　4 个不同的临空经济产业发展模式及其代表机场

需要说明的是，世界上大多数中小型机场以客运为主，且客运规模较小，仅有少量餐饮、购物和货邮服务。这类机场尚未实质性启动临空经济区建设，所以不做产业发展模式的评述。

4.6　航空港发展的经验总结及启示

4.6.1　国外航空港及其临空经济发展的经验总结

1. 政府主导推进 + 公司化运作模式

航空港经济正在引起越来越多国家和地区的高度重视。航空港的定位和规划建设、产业园区的设立、自由贸易区的推进以及各种优惠政策的提供，无不是政府作用发挥的结果。例如，政府对航空港区域的航空运输主业和其他企业的发展给予政策与经济上的支持（表 4-21）。

表 4-21　政府支持航空港发展主要方式

类型	侧重点	主要内容
政策与经济支持	鼓励航空运输企业发展	减免机场的税费
	减免航空公司的税费	减免起降费
	直接减免航空运输企业员工的税费	返还飞行员个人所得税
支持协调	政府积极协调空管、行业政府、航空公司与机场等利益相关部门	建设资金的投入、规划控制、征地拆迁、空域协调、航权申请、净空保护、交通配套、税收优惠、环境保护等

此外，航空港经济区的管理和运作一般由航空港和政府组成的专业化公司进行运作。这种结合既能保证航空港经济的发展与航空港的发展密切相关，又能获得当地政府在海关、土地、规划及税收等方面的配套政策支持。

2. 依托世界级转运中心或大型航空枢纽

世界级转运中心或大型航空枢纽是航空港经济发展的一个先决优势条件，无论是北美洲的孟菲斯与联邦快递，还是欧洲的史基浦与荷兰皇家航空、法兰克福与汉莎航空公司，或是亚洲的仁川与大韩航空，都明显具备这一特点。在全球范围内，这一发展趋势将越来越明显。依托世界级转运中心或大型航空枢纽，可以提升城市和国家的形象，促进产业结构优化升级，明显提升地区经济的国际竞争力，直接带来大量的就业机会和提高国内生产总值，从而推动航空港经济的快速发展，两者之间形成良性循环。具体来看，民用飞机销售额每增长 1%，对国民经济的增长拉动为 0.714%；一个航空项目发展 10 年后给当地带来的效益产出比为 1 ：80，技术转移比为 1 ：16，就业带动比为 1 ：12。

3. 形成以高端产业和现代服务业有机融合的航空城

早期航空港经济区产业发展往往聚焦于传统商业、物流产业、航空配套产业及简单的加工业；随着时间的推移及技术条件、交通条件的变化，航空港经济区产业发展进一步升级为生产性服务业、康体休闲娱乐产业；后续随着航空港便捷性和高效性的进一步体现，航空港经济区发展为集高新技术产业及现代服务业于一体的航空城。一方面，高新技术产业主要包括现代制造、精密仪器、电子科技、生物医药等产业；另一方面，现代服务业主要包括现代物流、金融、会展、总部经济、房地产、休闲旅游等产业。高效快捷的航空港加上便利的配套政策支持，吸引了越来越多的总部经济和产业集群，航空港经济区成为现代服务业发展和接收国际产业转移的平台。

4.6.2 国内航空港及其临空经济发展的启示

从国内航空港及其临空经济发展历程来看，临空经济的形成和发展需要具备两个条件：产业聚集造成的极化效应和挤出效应是充分条件，主要通过市场自身调节实现；航空港、临空经济园区等基础设施及合理的空间布局，对投资环境的营造等优惠政策是必要条件，主要通过政府调控完成。针对临空经济发展的 5 个阶段并结合我国临空经济发展的特点，政府应主要做好政策安排与导向等方面的工作。

1. 注重宏观层面引导

在临空经济准备阶段，政府需要从较宏观角度出发测算经济腹地和城市的竞争力，评估航空港建设的可行性。如果具备建设航空港的条件，需要统一规划航空港的地理位置、占地面积、交通、水电、噪声和污染处理等。基本原则是航空港内部设施具备人性化、现代化，外部主体建筑坚持不以破坏环境为前提，注重循环使用的环保理念，增强土地的利用和保护机制。在建设航空港时，政府可以通过"杠杆原理"采用多渠道融资方案，引进市场机制以降低投资风险，并继续发展本地区主导产业，推行适合本地区主导产业发展的优惠政策，使区域经济基础更加坚实。

2. 完善航空港服务体系

由于临空指向性产业发展迅猛，临空经济成长阶段中政府应加大对其支持力度，通过税收优惠和财政补贴等手段营造良好的投资环境，在做好核心产业的同时，鼓励高新技术产业的发展和科研机构的建设，不断吸收跨国公司进驻和基地公司的建立，增强区域竞争力并实现品牌效应。政府还应从横向、纵向两个方面发展产业链，丰富企业数量，促进上下游产业之间的联系；注重空间上的合理布局，根据产业的不同类型初步划分临空经济园区，实现土地利用的最大化，避免浪费。

3. 积极协调各级政府部门之间的关系

在临空经济发展的前 4 个阶段，政策的实施大多由一个或两个行政单位，如由市一级行政单位和区县一级行政单位共同完成。但是在航空城开发阶段，由于其空间上已经远远超出临空经济区的范围，成为可与城市媲美的多个区县一体发展的综合功能区，就需要各区县在发展自身经济、完善产业结构以及在上一级政

府统筹安排的基础上解决就业问题，还应兼顾整体规划和开发策略，避免恶性竞争的发生。例如产业的选择和转移问题、各区县在竞争与合作之间如何抉择等问题，都需要各级政府协调解决，防止"条块状"发展模式和政府部门之间各自为政的情况发生。

国内航空港发展中政府层面的启示，如图4-13所示。

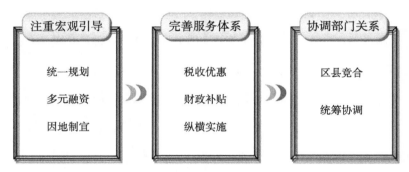

图4-13　国内航空港发展中政府层面的启示

4.7　本章小结

本章主要对航空港发展影响因素及其发展模式进行研究，具体包括以下两部分。

一方面，从内因和外因两个视角全面剖析了影响航空港发展的因素。内因视角，主要从其所依托的航空港自身条件、地面交通条件、通关条件和生态环境等方面进行研究；外因视角，主要从经济发展水平、城乡居民消费水平、综合交通运输体系及政策4个方面实证分析航空港发展影响因素。

另一方面，着重对比总结了典型航空港发展模式。具体来看，主要包括四大类：一是以孟菲斯为代表的航空物流强势发展模式，二是以法兰克福为代表的物流与商务并重的发展模式，三是以仁川为代表的侧重休闲产业的发展模式，四是以史基浦为代表的多元化综合性的发展模式。在以上研究内容的基础上，进行了国外航空港发展的经验总结和国内航空港发展政府层面的启示等。

学术研讨

利用 SEM、SD 等相关软件进行航空港发展影响因素分析，通过以上分析，全面给出对航空港发展影响因素的自身见解。

第 5 章
航空港特许经营研究

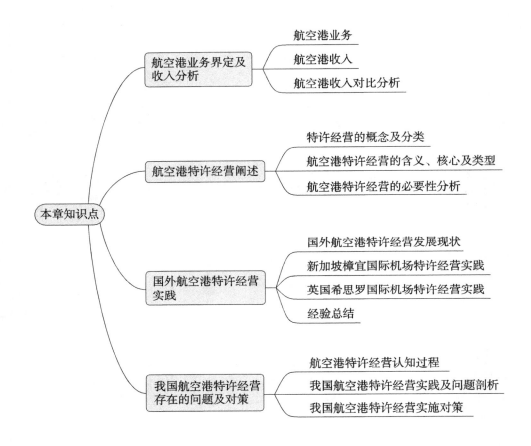

5.1　航空港业务界定及收入分析

民用航空运输是我国交通体系的重要组成部分，也是支撑国内外商业贸易的重要手段。近年来，民航局先后印发《新时代民航强国建设行动纲要》《中国民航四型机场建设行动纲要（2020—2035 年）》，我国步入新时代民航强国建设征程，民用航空运输的发展政策经历了从"国有制改革"向"发展多式联运"的转变。伴随着行业的持续健康发展，我国民航运输行业呈现出高速增长态势，2019年航空港实现营业收入 1207.0 亿元，同比增长 8.1%。其中航空港非航空性收入在整体收入中的占比有所提升，对航空港的发展做出了突出的贡献。但目前，无论是从民航行业的顶层设计，还是从各航空港的实际运营来看，都普遍将精力集中在航空性业务，对非航空性业务特别是商业类非航空性业务的关注和系统性研究较少。

各个时期的航空港发展政策导向，如图 5-1 所示。

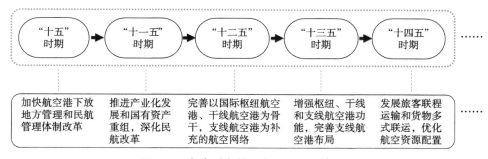

图 5-1　各个时期的航空港发展政策导向

5.1.1 航空港业务

在航空港发展过程中，航空港业务构成主要包括两个方面：航空性业务和非航空性业务。一般而言，航空性业务具有公益性，非航空性业务具有收益性。

1. 航空性业务

航空性业务是指以航空器、旅客和货物、邮件为对象，提供飞机起降与停场保障、飞行控制区的维护与运营管理、旅客乘机候机及进出港等综合服务、航空货物的地面处理服务、安全检查及航空地面保障服务和消防救援服务。

2. 非航空性业务

非航空性业务（简称非航业务）是指除航空服务业务外，依托航空性业务提供的其他服务，主要包括货邮代理业务、特许经营权业务、租赁业务、地面运输业务、广告业务等。非航业务依托于航空性业务对应的客流资源，其中，特许经营权业务一般包括：经营航站楼内的免税店和其他零售商店业务，经营航站楼内餐厅和其他餐饮业务，以及航站楼内、外的广告位出租业务等。

5.1.2 航空港收入

根据航空港业务分为航空性业务和非航业务，航空港收入可分为两大类：航空性收入和非航空性收入。

1. 航空性收入

航空性收入包括起降费、停场费、旅客服务费、安检费和客桥费等，收费标准按照民航局相关文件规定，实行政府指导价，各航空港可根据自身实际情况在收费标准的较小范围内进行浮动定价（表5-1），其中国际航线起降费等收入标准是国内航线的2倍左右，因此国际航线占比较高的枢纽机场航空性业务收入相对较高。目前我国的航空港基本是政府投资兴建，加之机场关系到物资人流运转，是经济发展的重要一环，经营类似于公益性项目。

表 5-1　我国民用航空港航空性收费标准改革历程

时间	文件名	主要内容
1986 年	《关于下发〈民用机场收费标准暂行规定〉的通知》（已失效）	调整和规范机场收费标准，收费项目分为飞机起降服务费、地面服务费和航路费三大类
1989 年	《关于下发〈民用企事业单位内部收费标准和结算办法〉的通知》	提高收费标准，对地面服务费进一步规范，即地面服务费是使用机场设备设施为旅客提供服务而获得的收入
1992 年	《关于调整民用机场收费标准的通知》	首次将机场划分为一类、二类、三类进行管理
2001 年	《国家计委和国务院有关部门定价目录》（已失效）	机场收费标准由国家计委、财政部、民航总局确定
2002 年	《关于调整国内机场收费标准的通知》	整体收费水平上升，分项目则有升有降，重点支持有困难的地方机场
2007 年	《民用机场收费改革方案》《民用机场收费改革实施方案》	起降费：内航外线上调、外航外线下调。内航外线按外航外线 60% 标准执行；过港费：全部按实际人数收过港费
2013 年	《关于调整内地航空公司国际及港澳航班民用机场收费标准的通知》	内航外线与外航外线统一，收费标准上调幅度为 66.67%
2017 年	《关于印发民用机场收费标准调整方案的通知》	内航内线起降费收费标准可在规定的基准价基础上上浮，不超过 10%；放宽非航空性重要收费项目定价权
2019 年	《关于统筹推进民航降成本工作的实施意见》	暂停与飞机起降费相关的收费标准上浮，下调货运航空公司机场收费标准
2020 年	《关于积极应对新冠肺炎疫情有关支持政策的通知》	一类、二类机场起降费收费标准基准价降低 10%，免收停场费；航路费（飞越飞行除外）收费标准降低 10%

资料来源：根据国家历年民用机场航空性收费标准相关政策整理。

对于航空性收入，由于单价由政府制定，所以流量增加和流量的性质是收入增长的关键。一般而言，吞吐量越大收入越多，国际航班比国内航班收费越高，大飞机能带来更多收入增量。航空性收入分析框架，如图 5-2 所示。

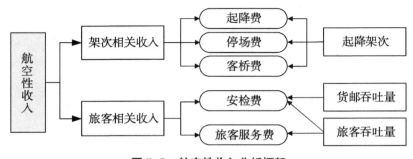

图 5-2　航空性收入分析框架

2. 非航空性收入

非航空性收入（简称非航收入）是指延伸的商业、办公室租赁、值机柜台出租等的收入，一般包括特许经营收入和租金收入等。非航收入定价比较市场化，价格可以充分反映航空港的区域垄断性和巨大流量价值。非航收入从原理上来看是一种流量变现，一座城市所有的航空需求都只能通过一两个航空港实现，所以航空港有极大的垄断性流量，航空港可以通过各种商业模式变现流量获得收入。

非航收入的增长主要由流量的数量、旅客消费渗透率、商业合同条款这 3 个方面决定。旅客人数越多，广告收入、零售收入和租金自然也会越多。新航站楼的投产会增加商业面积和客流量，进而增加非航收入。非航收入分析框架，如图 5-3 所示。

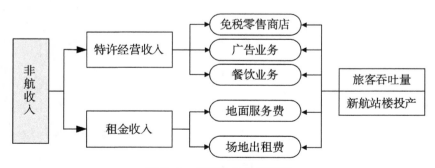

图 5-3　非航收入分析框架

如前所述，航空港收入的分类情况，见表 5-2。

表 5-2　航空港收入的分类情况

航空港收入分类	航空性收入	起降费	按政策执行政府指导价
		停场费	
		客桥费	
		安检费	
		旅客服务费	
	非航收入	租金收入	地面服务费	根据市场情况实行市场调节价
			场地出租费	
		特许经营收入	免税商业	
			有税商业	

5.1.3　航空港收入对比分析

总结国内外航空港发展经验，航空港业务发展可以分为 3 个成长阶段：在成长初期的中小航空港，其盈利主要依靠客流同步增长，在容量达到饱和后将进一步扩建；在成长中期的大型航空港，由客流、商业共同推动盈利增长；在成长后期的枢纽航空港，客流增速趋缓，主要由非航业务推动盈利增长。具体到客流量指标上，旅客吞吐量达到 1000 万人次 / 年时，航空港的航空性业务在此流量下开始发挥规模效应；旅客吞吐量达到 3000 万人次 / 年时，是实现非航收入占据主导盈利的关键节点（图 5-4）。

从我国航空港结构上看，2020 年我国大部分航空港旅客吞吐量较小，约有 77.60% 的航空港旅客吞吐量在 200 万人次以下（图 5-5）。总体上看，我国大部分航空港业务仍处于成长初期，盈利主要依靠客流同步增长，在容量达到饱和后将进一步扩建；少部分航空港则进入成长后期，如广州白云国际机场、深圳宝安国际机场、北京首都国际机场、上海虹桥国际机场、上海浦东国际机场等。

航空港业务发展周期分析

旅客吞吐量在1000万人次/年以下
成长初期的中小航空港，其盈利主要依靠客流

旅客吞吐量达到1000万人次/年
航空性业务在此流量下开始发挥规模效应

旅客吞吐量达到3000万人次/年
是实现非航收入占据主导盈利的关键节点

图 5-4　航空港业务发展周期分析

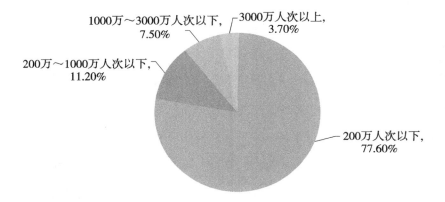

图 5-5　2020 年航空港旅客吞吐量分级占比情况

根据研究需要，选取 2020 年上海机场、深圳机场和厦门空港三大机场运营情况进行对比研究，见表 5-3。

表 5-3　2020 年三大机场运营情况对比研究

机场名称	飞机起降（万架次）	变动幅度	旅客吞吐量（万人次）	变动幅度	货邮吞吐量（万吨）	变动幅度
上海机场	33.00	−36.37%	3047.65	−59.98%	368.66	1.44%

续表

机场名称	飞机起降（万架次）	变动幅度	旅客吞吐量（万人次）	变动幅度	货邮吞吐量（万吨）	变动幅度
深圳机场	32.00	−13.50%	3791.60	−28.40%	139.90	9.00%
厦门空港	13.98	−27.52%	1671.02	−39.04%	27.83	−15.79%

资料来源：民航局。

表 5-3 表明，受新冠疫情影响，2020 年三大机场各个生产指标数据下跌明显。具体来看：从飞机起降架次层面看，上海机场起降架次虽占据首位但下滑幅度最大，下滑 36.37%；从旅客吞吐量层面看，深圳机场全年完成旅客吞吐量 3791.60 万人次，位居第一，厦门空港旅客吞吐量为 1671.02 万人次，位居末尾，上海机场旅客吞吐量下滑幅度最大，下滑 59.98%；从货邮吞吐量层面看，深圳机场货邮吞吐量增速最高，上海机场货邮吞吐量最高。值得注意的是，厦门空港的货邮吞吐量同比下滑，下滑幅度高达 15.79%，见表 5-4。

表 5-4　2017—2020 年三大机场非航业务收入对比分析　　单位：亿元

名称	年度							
	2017		2018		2019		2020	
	数额	增长率	数额	增长率	数额	增长率	数额	增长率
上海机场	43.38	26.12%	53.44	23.18%	68.61	28.39%	25.76	−62.45%
深圳机场	6.94	7.10%	6.98	4.77%	6.52	−8.49%	5.97	−8.36%
厦门空港	6.07	6.12%	6.22	2.47%	6.27	0.80%	4.81	−23.29%

资料来源：各大机场年报。

表 5-4 和图 5-6 表明 2017—2020 年三大机场非航收入变化情况。疫情冲击下，三大机场倚重的非航业务受影响最为直接，业务量下降导致停车楼租赁以及桥载等配套收入同比减少。同时，租赁及特许权、货站及货服、地勤、停车场等非航收入下降明显。2020 年，上海机场非航收入为 25.76 亿元，同比下降 62.45%，其中商业餐饮收入变动幅度为 −76.80%，同比下滑幅度最大；深圳机场

和厦门空港非航收入增长均呈现下降态势，降幅分别为 8.36% 和 23.29%。

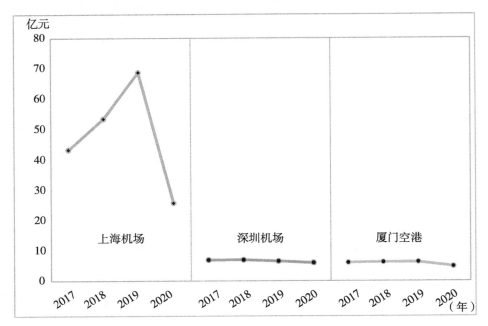

图 5-6 2017—2020 年三大机场非航收入数额变化情况

图 5-7 表明 2017—2020 年三大机场非航收入占比变化情况，即上海机场非航业务占比较高，2020 年非航业务占比接近 60%；2020 年厦门空港非航收入占比提升至 39.3%，主要是受到航空港货邮业务增长的拉动作用；2020 年深圳机场非航业务收入占比仅为 19.93%。

虽然受疫情影响导致航空港业务萎缩及收入下滑，但不能否认的是，近几年随着旅客吞吐量和旅客消费水平的提升，以及航空港经营意识的不断提升，我国航空港特别是大型枢纽航空港非航业务收入占比呈现增长态势。以上海机场为例，2017—2019 年，上海机场的航空性业务收入占比逐年下降，而非航收入占比逐年增长，从 2017 年的 53.81% 增长到 2019 年的 62.69%。2020 年受疫情的影响，非航收入占比下降至 59.86%，但仍高于航空性业务及相关服务收入。侧面反映出上海机场的经营收入主要来源于免税店、有税零售店、餐饮等非航收入。尤其是非航业务提供的内容和服务可以不断延伸和创新，且具有较高的弹性。因此，现代化航空港的发展需要引入全新观念，商业拓展方向主要基于以下 4 个发展重点（图 5-8），从而更好地激活非航业务，提高非航收入。

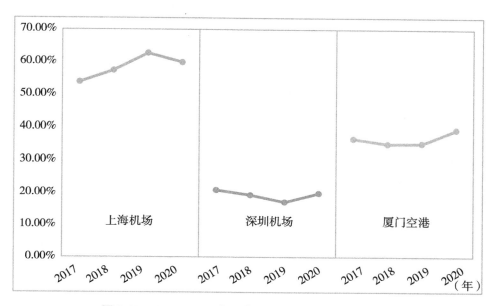

图 5-7　2017—2020 年三大机场非航收入占比变化情况

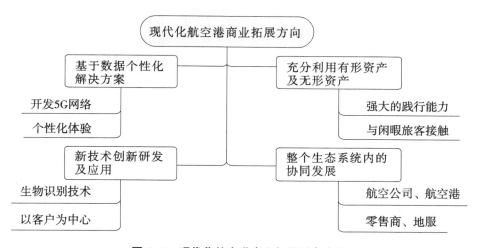

图 5-8　现代化航空港商业拓展重点方向

5.2 航空港特许经营阐述

特许经营收入是非航收入的重要组成部分。航空港特许经营的概念界定、分类确定及其必要性分析等研究至关重要。

5.2.1 特许经营的概念及分类

特许经营也可称为特许权，是现代社会发展到一定阶段的必然产物，是指特许人将自己拥有的商标（包括服务商标）、商号、产品、专利和专有技术、经营模式等以合同形式授予受许人使用，受许人按照合同规定，在特许人统一的业务模式下从事经营活动，并向特许人支付相应的费用。一般来说，特许经营主要有商业特许经营和政府特许经营两种形式，航空港特许经营则是在此基础上发展起来的。

1. 商业特许经营

《商业特许经营管理条例》（国务院第 485 号令）第三条将商业特许经营定义为：拥有注册商标、企业标志、专利、专有技术等经营资源的企业，以合同形式将其拥有的经营资源许可其他经营者使用，被特许人按照合同约定在统一的经营模式下开展经营，并向特许人支付特许经营费用的经营活动。

商业特许经营是非常普遍的一种模式，它几乎融入了我们生活的方方面面：麦当劳、肯德基等餐饮品牌店，耐克、李宁等服装品牌专卖店，大众、雪铁龙等品牌的汽车 4S 店等，一一被打上特许经营的烙印，严格来讲，这些特许经营均为商业特许经营。该模式起源于 19 世纪的美国，也是在美国逐步发展成熟。因此，美国特许经营的发展史代表了特许经营商业模式的发展历程。目前，商业特许经营已经成为现代社会经济中发展最为迅速的商业和贸易经营方式，并已经形成了比较成熟的经营理念及模式。

2. 政府特许经营

目前，政府特许经营没有一个统一、严格的定义，各国在不同的法律体系和政府功能定位下，对政府特许经营的定义也存在差别，但其核心思想却是基本一致的，通常将政府特许经营理解为：政府授予特定主体在特定范围内拥有某种商品或某项服务排他性的生产、经营的特许专项权利。政府特许经营主要涉及公共服务领域和国家垄断的特定行业，具体包括公共事业特许经营和行业特许经营。

特许经营的分类，如图 5-9 所示。

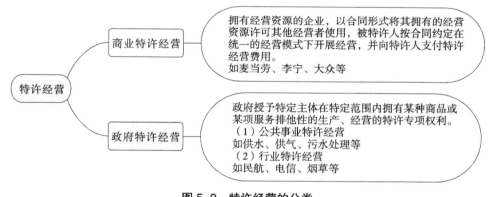

图 5-9　特许经营的分类

5.2.2　航空港特许经营的含义、核心及类型

1. 航空港特许经营的含义

国际上，航空港特许经营一般采用专营权和特许经营权的概念。专营权和特许经营权有所不同，专营权是指 Franchise，一般针对航空港内数量较少的、与航空性业务有关的专营设施，主要提供航空港必要的经营服务，范围主要在航空港的空侧，如停机坪、跑道、滑行道、机务维修、航空货站等，有一定程度的排他

性；而特许经营权是指 Concession，即批准经营者取得经营牌照或经营许可，一般针对数量较多的非航业务资源，主要提供以获取经济收益为目的的航空港延伸服务项目，范围主要集中于航空港的陆侧，如航空港内零售、餐饮、广告等业务。当然，以上划分是相对的，不能将其截然分开。

在我国，航空港特许经营是在商业特许经营和政府特许经营充分发展的基础上发展起来的，由于行业特性，航空港特许经营兼具商业特许经营和政府特许经营的特征。因此，航空港特许经营涉及以下两层含义（图 5-10）。

第一层含义是指政府基于社会经济发展所需的公共基础设施服务需要，通过行政权力授予航空港管理机构享有整个航空港的经营管理权利。在这一法律授权中，双方形成的是行政法律关系，政府是代表公共利益的特许人，航空港管理机构则是获得整个航空港特许经营管理权利的受许人。因此，航空港特许经营管理权相当于一般特许经营理论中的政府特许经营权。

第二层含义是指在政府的行政授权拥有整个航空港特许经营管理的权利的基础上，航空港管理机构可以在一定范围内和一定条件下，通过平等协商，等价有偿地将其中一些具体的项目特许经营权授予其他市场主体。

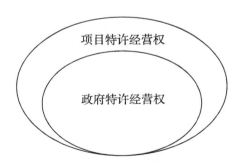

图 5-10　航空港特许经营涉及的两层含义

综上所述，航空港特许经营是一种新型航空港运营模式，指航空港将其拥有的航空港资源，通过公开招标或其他竞争方式，以许可证的形式准许符合标准的运营商使用，运营商利用航空港资源按照一定的标准开展民航客、货运输业务及相关派生业务，并向航空港支付相应的费用（即特许经营权费）。

2. 航空港特许经营的核心

航空港特许经营的核心是航空港资源的使用。航空港资源是指航空港通过资本投资形式建设、经营形成的航空运输保障服务体系，主要包括航空港的基础设施资源、信息服务资源、服务环境资源，以及由以上资源派生出来的商业市场资源，这些资源是航空港所特有的、其他方无法拥有和提供的专用资源。而且，航空港资源在一定的区域内和一段较长的时间内是唯一的或有限的，因此带有一定的自然垄断特征。

航空港资源的组成部分及主要内容，见表 5-5。

表 5-5　航空港资源的组成部分及主要内容

组成部分	主要内容
基础设施资源	主要包括航空港内的道路交通场地、建筑、水电供应设施、公共清洁和污水处理设施、消防和紧急救援设施、绿化和环保以及信息网络设施等
信息服务资源	主要包括航班时刻表、航班动态查询及实时航班保障监控等
服务环境资源	主要包括运营管理体系、航班运作保障环境、旅客服务环境、检疫环境及政策法规环境等
商业市场资源	主要包括航空港土地资源和航空性运输保障资源衍生出来的各种资源，如广告、零售、航空餐饮等

资料来源：胡兰. 机场特许经营模式——机场业发展的方向. 新闻天地，2010（12）：52-54.

航空港资源具有以下特性。

一是整体性。航空港资源是一种资源体系，只有通过有机结合和联动运行才能发挥资源效应，也只有航空港才具备统一调配使用航空港资源的能力。

二是特殊性。航空港资源具有特殊的资源地位，在相当长的一段时间内，在一定区域的市场内，航空港资源是唯一的或有限的。

三是营利性。航空港资源与运力资源一样具有创造航空运输市场价值的营利性。

航空港资源的三大特性，如图 5-11 所示。

图 5-11 航空港资源的三大特性

航空港资源能够促进航空市场的健康发展和繁荣，并且具有可以再生的特性。通过航空港资源的完善与丰富，可以创造更好的航空运输服务环境，推动航空市场的进一步发展和繁荣。

3. 航空港特许经营的主要类型

国内航空港特许经营的主要类型包括直接外包、特许经营、特许专营、BOT专营（又称特许经营的高级模式）、特许经营权折股（航空港参股或控股）、成立全资子公司、模拟特许经营 7 种（表 5-6）。其中，特许经营和特许专营是本书重点探讨的类型。

表 5-6 航空港特许经营的主要类型

序号	类别	要素	特点	适用范围
1	直接外包	航空港管理机构、专业化公司	节约成本，提高效率	保洁、绿化等业务
2	特许经营	航空港管理机构、专业运营商、特许经营权费	降低运营成本，提升运行效益，提高核心竞争力	餐饮、商贸、广告等业务

序号	类别	要素	特点	适用范围
3	特许专营	两家以上专业化公司、专营保护、同类竞争	提升运行效益，提供高水平服务	地勤、航油、飞机维修维护等业务
4	BOT 专营	投资企业、航空港管理机构、经营权	缓解初期资金压力，获得税收优惠和专营业务利润	航站区设施、停车场、商业资源等
5	特许经营权折股	专业化公司的规模、业务的安全性、参股或控股	更好实现权益与资金的转换	特许经营权评估入股
6	成立全资子公司	母公司、子公司	体现专业性需求，发挥已有资源的效用	安全业务、有能力做管理输出的业务
7	模拟特许经营	航空港部门、专业化公司	逐步过渡，实现平稳转型	面临转型的航空港

5.2.3　航空港特许经营的必要性分析

1. 航空港自身属性的要求

航空港特许经营，是被航空发达国家实践证明过的运营管理的有效机制，也是我国航空港市场化、企业化改革过程中提升航空港盈利水平的必然选择。在航空港特许经营的关系中，更多地体现了航空港的收益性特征，这与其另一特性——公益性并不矛盾，这是因为通过航空港的收益性将更加有助于实现其公益性目标。而政府的主要角色是调控航空港双重属性之间的平衡，以防止航空港因"利益冲突"而片面强调某一方面的职能。进一步分析，政府需要从国家、行业和地区发展的角度权衡利弊，对航空港特许经营做出适宜的分配工作。

2. 经营模式转变的结果

航空港属地化改革后，航空港与航空公司通过民航局实现的资产纽带关系已不复存在，计划经济体制下形成的混合型经营模式已经不能有效地处理航空港与

航空港建设与管理

航空公司的关系，航空港的经营管理模式需要进行重大调整。具体来看，航空港的经营管理模式经历了过去的航空港管理当局逐步淡出航空地面服务的直接经营局面，转变为现在的航空港管理当局重点建设经营航空港设施、信息、环境三大服务平台，即从混合型经营模式向平台服务型经营模式过渡。

3. 提升核心竞争力的方式

随着民航局、航空公司和六大航空集团等利益相关者对航空港公益性和收益性的关注，原有简单的民航格局被打破。为了有效发挥航空港的规模效应，提升航空港的核心竞争力，众多单位需要整合内部资源，调整生产业务链结构，以实现整合服务链、降低运营成本、打造完整服务品牌的目标。重新定位航空公司与航空港的生产运营关系——资产关系，是当前急需解决的问题，航空港软硬件服务资源平台的有偿使用、特许经营正是调整航空公司与航空港生产运营关系的有效方式。

航空港特许经营的必要性分析，如图 5-12 所示。

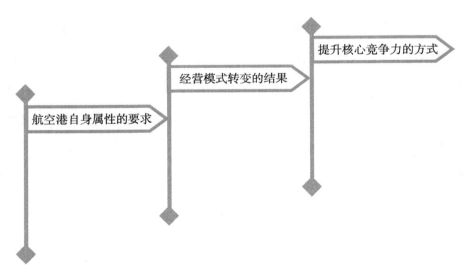

图 5-12　航空港特许经营的必要性分析

140

5.3　国外航空港特许经营实践

5.3.1　国外航空港特许经营发展现状

从国际上来看，特许经营已成为航空港运营的国际惯例。美国、英国、新加坡等都是管理型航空港，不直接从事地面服务、商业服务等方面的经营活动，而是引入专业化的公司经营。这种模式是航空发达国家和地区经过多年实践后形成的，其优点显而易见。其中，尤其以新加坡航空港运营得最好。作为一项在国际上许多航空港成功实施多年的航空港运营管理机制，特许经营通过与 BOT 等融资模式联合运用，不仅可以提高航空港相关业务经营管理的效率和效益，而且可以促进航空港投资主体多元化，大大缓解政府和航空港管理机构的投资压力。

国外航空港特许经营的典型案例 [44][45]，见表 5-7。

表 5-7　国外航空港特许经营的典型案例

国家	主要协议内容
阿根廷	将 33 家机场特许给 Aeropuertos Argentina 2000 集团经营，米兰机场公司 SEA 以及专业机场服务公司 Orden 是该集团的战略合作伙伴。该集团在经营的前 5 年每年支付 1.7 亿美元特许经营费，以后的特许经营费与交通流量挂钩。同时，该集团承诺在 30 年内向所管理的机场投资 210 亿美元
玻利维亚	将 La Paz 等 3 个机场交给 AGI（Airport Group International）经营管理，特许经营期为 30 年
柬埔寨	签署 25 年 BOT 合同，运营商承担 Phnom Penh 市 Pochetong 机场的更新扩建
希腊	运营商 Hochitief 新建雅典国际机场 2 条跑道，特许经营期为 30 年，合同价值约 12 亿欧元
哥伦比亚	运营商 Desarollo Aeropureto El Dorado SA 负责经营波哥大 El Dorado 国际机场原有的跑道、滑行道、停车场等设施；负责新建并运营新的跑道和滑行道；特许经营期为 20 年；运营商不向政府支付特许经营费，通过收取起降费获得收益；机场航站楼仍由政府机构 Aeronautica Civil 负责运营

国家	主要协议内容
菲律宾	签署 25 年 BOT 合同，Asia Dragons 联合体负责新建并运营马尼拉 Ninoy Aquino 国际机场 3 号航站楼；运营商收取旅客服务费，同时通过航站楼内的商业设施（零售、停车、租赁）获得收益；运营商向政府支付特许经营费（固定 + 浮动费率），浮动费率部分与营业收入挂钩

表 5-8 表明了美国、新加坡的航空港特许经营在业务范围、费用收取和监管重点 3 方面的比较。

表 5-8　美国、新加坡的航空港特许经营在业务范围、费用收取和监管重点 3 方面的比较

国家	内容		
	业务范围	费用收取	监管重点
美国	租车，广告，航站楼内的食物、饮料及免税店，通信等	按年最低保证金和营业额比例提成相结合的办法收取	商品和服务价格受许人资质
新加坡	零售业、餐饮业和服务业航空港地面服务	基本租金和销售提成中数额较高者	商家监管服务质量

5.3.2　新加坡樟宜国际机场特许经营实践

1. 机场发展历程

新加坡樟宜国际机场（简称樟宜机场）位于新加坡樟宜，占地 13km²，距离市区 17.2km，是新加坡主要的民用机场，也是亚洲主要的航空枢纽。

樟宜机场由新加坡民航局运营，是新加坡航空、新加坡航空货运、捷达航空货运、欣丰虎航、胜安航空、捷星亚洲航空和惠旅航空的主要运营基地。樟宜机场共有 100 余家航空公司在此开通前往约 100 个国家和地区的 400 个城市的航线。"年度最佳机场""最佳免税购物中心""世界顶级机场"等荣誉，樟宜机场已经摘得数十次以上。

国际航空运输协会数据显示，世界最繁忙的前 7 条国际航线中，新加坡占 4

条。新加坡这 4 条国际航线共计运输了 1150 万人次的旅客，占总数的 21%。国际航班旅客可以给非航收入带来超出旅客吞吐量增速的增长。法兰克福机场、希思罗机场和樟宜机场都是国际旅客占比较高的国际机场，可以看出其人均非航收入也居于前列。全球主要机场人均非航收入，见表 5-9。

表 5-9　全球主要机场人均非航收入

单位：元

机场名称	人均非航收入
法兰克福机场	215.05
希思罗机场	124.17
樟宜机场	123.97
戴高乐机场	96.49
洛杉矶机场	37.42
亚特兰大机场	17.95

2. 特许经营成功经验总结

樟宜机场主要从航站楼设计和自助智能化服务两方面拉动非航业务。

（1）航站楼设计。

樟宜国际机场的航站楼是一座集航空设施、购物休闲、住宿餐饮、游乐项目、景观花园等于一体的多功能机场综合体。该设计充分体现了"一切为了旅客"的理念。在樟宜国际机场，除了可以购买免税店商品、享用东南亚美食，也可以逛逛各个航站楼的热带特色主题公园，在娱乐区享用免费游戏，在电影馆免费观看大片等。

同时，樟宜机场注重提供体验式服务。

例如，2016 年 11 月 18 日，皮卡丘狂欢节吸引超 10 万人参加，获得 2500 万家社交媒体转发量，有 170 家媒体进行报道。

用花和各种植物做的孔雀展览，吸引了超过 20 万名游客前来参观，收到了 35000 条正面反馈。

（2）自助智能化服务。

"畅快通行（Fast and Seamless Travel，FAST）计划"是樟宜机场在 T4 航站楼力推的自助智能服务，包括人脸识别值机、自动托运行李、清洁机器人等人工智能新科技。FAST 系统在节约旅客办理手续时间的同时，也降低了机场的运营成本。

樟宜国际机场无论是航站楼的设计，还是对旅客的服务，都用足了心思。特色的设计与服务积累了声誉，带来了更多慕名而来的旅客，这种良性循环不仅带来了潜力无穷的非航收入和日益增长的旅客量，也对航空性收入形成了一种反哺。因此，非航业务高速发展是樟宜国际机场获得高额利润的关键因素。

不同国家和地区机场特许经营的业务范围比较，见表 5–10。

表 5–10 不同国家和地区机场特许经营的业务范围比较

机场名称	特许经营的业务范围
法兰克福机场	机场航站楼内的商业活动，包括免税店、零售商业、餐饮、银行、广告、电信服务、汽车租赁、商务中心和酒店等
樟宜机场	航空公司、油料公司、飞机维修公司、航站楼商业经营和地勤公司，分别从事不同的专项经营业务。其他如零售、餐饮、免税店都是作为特许经营业务来经营
中国澳门机场	地勤服务、航空配餐、清洁业务、土建和机械项目、通信、导航设备和电子维修项目、机场护卫工作、客运、停机坪、货运、地勤服务、飞机维修服务
上海浦东机场	能源中心、天然气系统、供配电系统、给排水系统等技术密集型项目，楼宇物业管理、绿化养护、职工食堂等专业化较强的项目，航站楼保洁、场内道路清扫、垃圾焚烧站等劳动密集型项目

5.3.3 英国希思罗国际机场特许经营实践

1. 机场发展历程

英国希思罗国际机场（简称希思罗机场）成立于 1929 年，目前由英国机场管理公司负责营运，是英国航空、维珍航空的枢纽机场，也是伦敦最主要的联外机场。历经 90 多年的风雨，希思罗机场逐渐成长为全欧旅客吞吐量最大、世界最繁忙的机场之一。目前希思罗机场共有 89 家航空公司，16 条国内航线，358 条国际航线，航线分布以欧洲为主。希思罗机场目前共有 2 条东西向的平行跑道及 5 座航站楼，其单跑道年客运量达 3783.8 万人次，运作效率位居全球第一。2016 年 10 月，希思罗机场第三跑道的扩建计划获批，预计于 2025 年完工。

希思罗机场发展历程，如图 5-13 所示。

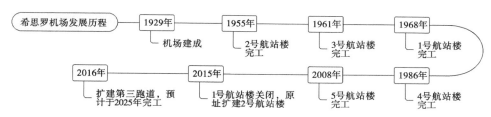

图 5-13　希思罗机场发展历程

1987 年，英国机场管理局将希思罗机场等 6 家机场于伦敦证券交易所一同上市，主要由金融机构和私人股东认购。政府仅保留了 1 英镑的"金股"，以此实现决策的宏观调控。此举开创了机场私有化的先河，引领史基浦机场等枢纽机场走向私有化改革。2008 年起，该机场归希思罗机场控股公司所有，并由其运营管理。

图 5-14 较为全面地说明了英国机场管理私有制改革的特点。

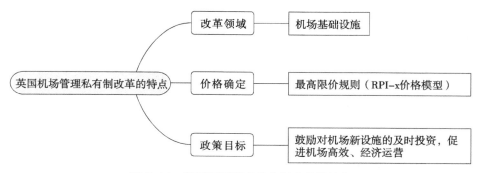

图 5-14　英国机场管理私有制改革的特点

表 5–11 是希思罗机场与曼彻斯特机场的对比，主要从体制、定价权、投资和运营 4 方面进行。通过两个机场的对比，可以看出希思罗机场私有制改革较为彻底，为高效实施特许经营业务奠定了良好的基础。

表 5–11　希思罗机场与曼彻斯特机场的对比

内容	希思罗机场	曼彻斯特机场
体　制	完成私有制改革	接受私人投资，但仍按公有制目标运营
定价权	最高限价的利润激励（易形成垄断）	机场无定价权
投　资	投资需求过度	投资需求不足，机场容量（资源）过剩
运　营	高效运营，但易损失福利	低效运营

2.特许经营成功经验总结

（1）注重市场细分。

注重市场细分是在异质竞争市场提升产品（服务）质量的核心竞争力，是希思罗机场在机场群竞争中巩固地位、保持优势的原因。

机场群运力分布差异化经营的主要特征描述，见表 5–12。

表 5–12　机场群运力分布差异化经营的主要特征描述

经营特征	举例分析
航空公司类型的差异	作为大型国际枢纽的希思罗机场，英航（传统全服务型航空公司）的相对份额较高，而盖特威克与斯坦斯特德机场低成本航空公司的份额较高
通航市场的差异	希思罗机场在北美、中东、亚洲等洲际航线的运力投入较多，盖特威克机场仅有少量的北美洲、加勒比地区洲际航线，其他三大机场主要以欧洲航线为主，即使在重叠市场上也能保持各自的相对优势
价格、服务、时刻等的差异	属于异质竞争，希思罗机场与盖特威克机场的伦敦 – 肯尼迪航线，通过服务产品的差异化设计，使旅客根据自身偏好进行选择

（2）参与多项创新技术研发。

同质竞争的时代，希思罗机场将技术革新作为机场群差异化竞争的"法宝"。无人驾驶出租车的投入收获奇效，成功缓解成本端的压力。目前，希思罗机场深度参与航班链、生物识别登机技术的研发，旨在提升机场服务的核心竞争力，使其在机场群的未来竞争中脱颖而出。

希思罗机场的创新技术成功案例及其技术前景展望，见表 5–13。

表 5–13　希思罗机场的创新技术成功案例及其前景展望

创新技术	概览	技术前景展望
无人驾驶出租车（已投入使用）	在外围停车场和航站楼间启用无人驾驶出租车，其限载 4 人，最快时速 25 公里 / 小时	无人驾驶技术可节省乘客 60% 的时间和机场 40% 的运营成本，史基浦机场、樟宜机场均传达了合作研发、改扩建该系统的意愿
航班链（研发中）	与英国航空公司等合作的区块链"智能合约"研究成果公布，航班链将被设定为私有权限区块链，将航班信息存储于区块链，采用智能合约来判断潜在的冲突数据	区块链技术能够为航空公司和机场提供单一可信的数据源，尤其是针对实时航班信息而言，既能实现"共享控制"，还能提高数据可信度，对整个航空运输业的数据共享来说将是一场"大革命"
生物识别登机技术（试验中）	与英国航空公司、洛杉矶机场合作研发生物识别登机技术：登机闸口采用高清摄像技术，识别旅客独特的面部特征，验证与数字面部扫描信息是否匹配。目前已在 T5 航站楼出发至洛杉矶机场的英航航班上普及试验，拟进一步推广	旨在为旅客提供更为可靠、便捷、安全的值机体验，并大幅提升机场的通行效率

综上，希思罗机场凭借伦敦核心的地理位置，成功构建并实施"四轮"驱动战略，即航空性业务收费标准高、单跑道运作效率高、国际中转旅客多和人均消费能力强，集聚大量高端消费群体和高附加值物流，从而带动特许经营为主的非航业务快速健康发展。

希思罗机场"四轮"驱动战略，如图 5–15 所示。

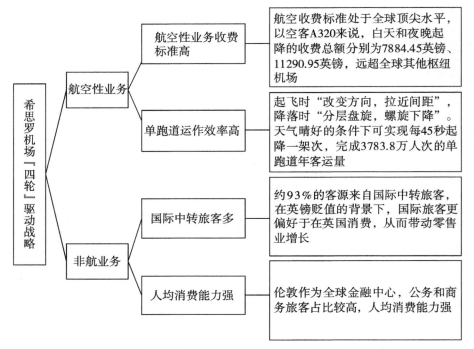

图 5-15 希思罗机场"四轮"驱动战略

5.3.4 经验总结

1. 有法可依

通过直接、间接制定航空港特许经营的相关法律进行依法管理，保证航空港特许经营的合法性，有利于培养良好的经营环境。同时，依法签订特许经营合同，明确双方的责权利，可以保证特许经营活动健康、有序地开展。

2. 范围明确

明确划分特许经营的业务范围，如航站楼的商业经营和地面服务，提升了非航收入在航空港总收入中的比例，完善了收入结构，提高了航空港的经营能力。

3. 监管严格

通过制定严格的准入机制、监管标准和监管方式，对受许人的准入资质进行严格评审，受许人进入后按照相关管理规定进行严格监管，通过优胜劣汰机制，提高航空港的运营效率和服务质量。

4. 机制健全

以"服务旅客、运转协调、高效运营"的理念，健全管理制度，采取航空港管理机构完全退出特许经营项目的经营，引进中性的服务提供商，同时对航空公司自营的部分非航项目（比如地服、配餐）实行全面的特许经营，有效保证了公平竞争的经营环境。

航空港特许经营经验总结，如图 5-16 所示。

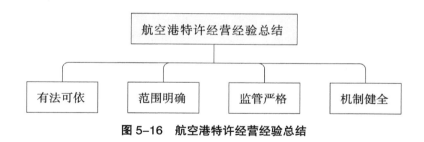

图 5-16　航空港特许经营经验总结

5.4　我国航空港特许经营存在的问题及对策

5.4.1　航空港特许经营认知过程

目前，国内关于航空港特许经营的概念较为模糊，称呼也较为混乱，如航空港专营权、航空港特许专营权、航空港特许经营权等。航空港特许经营实际上

是指对航空港资源的经营规划权。只要是纳入航空港总体规划范围内的经营业务，理论上都要先获得航空港当局的许可（因为该"许可"只能由航空港当局作出，所以称为"航空港特许"），并且一般要向航空港当局缴纳特许经营权的转让费。对于航空港当局而言，其拥有的对航空港资源的经营规划权就是航空港特许经营权[32]。

从理论层面来讲，航空港概念、特点和模式等内容十分简单，无须专门研究就能很好理解；但从实践层面来看，结果截然相反，航空港特许经营的实践情况是一个非常复杂的过程，就好比一个农民（如航空港管理当局）承包了一块农田（如航空港资源），其他人（如经营主体）如要耕种（如经营）该农田，必须先征得该农民的同意（即特许），并需要缴纳一定费用作为其耕种的代价（即特许经营权的转让费）一样。

开展航空港特许经营的基本思路是将航空港范围内的所有业务项目进行统一归口管理，通过政府授权的航空港特许经营管理主体采取特别"许可"的方式，在与选定的各业务项目的运营商签订特许经营协议，明确特许经营期限、特许经营权费标准和双方权利义务等后，受许人取得某业务项目的特许经营权。

航空港引进特许经营方式，对于规范航空港范围内的非主营业务是有利的。航空港必须打破过去"肥水不流外人田"的陈旧垄断经营观念，通过事先设定规范的财务与经营标准，以公开、公平的方式引进民航外部的商家进入航空港。通过这种做法，航空港可以更好地利用其所拥有的包括航站楼在内的各类资源，节约大量的人力物力，更好地集中精力于主业经营。外部进入的商家也可以依托航空港这一平台，利用自身优势，改进航空港的服务质量，实现航空港当局与航空港非主营经营者的优势互补。

5.4.2　我国航空港特许经营实践及问题剖析

1.我国航空港特许经营实践

（1）北京首都国际机场。

北京首都国际机场（简称首都机场）主要将零售、餐饮和广告业务，辅助业务和机场配套业务等从机场主业中剥离，并分别成立具有独立法人的专业化公司，在首都机场集团公司内部各成员机场之间进行一体化经营。首都机场特许经营范围，如图 5-17 所示。

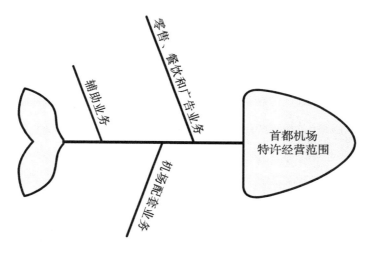

图 5-17　首都机场特许经营范围

（2）上海浦东国际机场。

上海浦东国际机场（简称浦东机场）依循上海机场集团制定的机场特许经营理论框架，按照投资多元化、经营市场化和管理社会化的思路，将新机场能源中心、天然气系统、供配电系统、给排水系统等技术密集型项目和楼宇物业管理、绿化养护、职工食堂等专业化较强的项目，以及航站楼保洁、场内道路清扫、垃圾焚烧站等劳动密集型项目共 34 个保障项目，通过实施特许经营的方式委托专业厂

家和运营商来经营，有效减少了机场在服务性设施上投入的运营成本。

（3）厦门高崎国际机场。

厦门高崎国际机场（简称高崎机场）在机场地勤服务、货站和航空配餐、机场广告、机场巴士、航站楼内商业活动等机场的各项商业业务中尝试特许经营。同时，机场管理机构把特许经营纳入机场的统一管理规划中，根据厦门区域和机场自身服务的特点，确立"温馨机场"的战略目标，不仅对航站楼进行重新设计布局，而且对特许经营商进行统一规范，要求受许企业按照"温馨服务"的理念进行经营。

（4）深圳宝安国际机场。

深圳宝安国际机场（简称宝安机场）在航空食品配餐等服务项目上收取一定比例的特许经营权费，针对与外商合资、合作经营的一些营利性项目收取特许经营权费，使机场的非航收入逐年增加，提高了机场非航空性经营收入占机场经营总利润的比重。

以上四大航空港特许经营业务方式比较，见表5–14。

表5–14　四大航空港特许经营业务方式比较

业务类型	机场			
	首都机场	浦东机场	高崎机场	宝安机场
航空地面辅助服务	大部分由机场提供，小部分实行特许经营	由上市公司提供	大部分由上市公司提供，小部分由集团公司提供	大部分由上市公司提供，小部分外包
航空配餐	部分实行特许经营，部分由机场提供	由集团和航空公司下属配餐公司提供	由集团和航空公司提供，上市公司不参与	由集团和航空公司提供，上市公司不参与
航站楼商业餐饮等	部分实行特许经营，部分采取租金方式	租金保底加营业额分成	租金保底加营业额分成	租金保底加营业额分成
航空港广告	实行特许经营	由机场广告公司经营	由福建航空港广告有限公司经营，小部分自营	自营与分包经营相结合

资料来源：各地机场网站、中信建投研究所。

2. 我国航空港特许经营问题剖析

（1）法律欠缺，模式初级。

航空港特许经营缺乏立法，没有明确的法律保障，对特许经营名称、范围、模式及特许人和受许人双方的责权利等没有一个法律层面的规定。多数航空港仍然参与地面运输服务和餐饮、酒店及广告等业务的管理和经营，对于亏损的航空港，一般采取上级管理部门抽盈补亏和政府补贴的方式予以补助。与国外先进的航空港管理模式相比，我国特许经营的实施还处于探索的初级阶段。

（2）主体单一，成本激增。

在新增航空港建设项目时，投资主体来源较单一，航空港建设资金主要来源于政府投入和银行贷款，投资主体多元化的格局尚未真正实现，造成航空港建设投资中商业贷款比例过高的现象，使得航空港资本成本负担加重（这一现象在支线航空港建设中尤为明显）。在项目建成后的运营初期，航空港就面临很大的资金缺口和高额的经营成本，增加了航空港还贷和经营的风险。

（3）体制落后，专业欠缺。

我国航空港正处于由经营型向管理型转变的时期，经营管理模式相对滞后，商业化程度较低，资产利用率不高。市场环境不完善，缺少中性的、独立的、专业化的运营商。目前国内的运营商基本上都与相关的航空港或航空公司存在关联，由于各自的股权关系、既得利益等，使得特许经营的实施面临许多问题。

我国航空港特许经营发展的三大问题，如图 5-18 所示。

图 5-18　我国航空港特许经营发展的三大问题

5.4.3　我国航空港特许经营实施对策

1. 完善航空港特许经营相关法律法规

从国际经验来看，各国航空港特许经营都是在专门的法律框架下实施的。与国外相对成熟的市场竞争环境不同，航空港特许经营对于我国来说还是一个比较新的事物，目前既无相关的法律规定（国家的法律法规、部门规章等均无此方面规定），也缺乏实际运作的示范与经验积累，诸多的市场主体甚至尚无这方面的概念与意识。

因此，作为一项涉及政府特许行为的基本法律制度，需要对航空港特许经营权（包括项目特许经营权）的民事财产法律特性及其运作方式进行界定，从其效力等级的角度考虑，必须要有指导机场特许经营的法律法规或相关政策，保证我国航空港特许经营的开展具有清晰、明确和权威的法源，以统一各方面的认识，并规范地方的立法及运作，只有这样才能促进特许经营在国内航空港的推行。

2. 明确航空港特许经营原则和业务范围

借鉴国外先进经验，并结合我国实际情况，航空港特许经营方式应遵循以下原则。

第一，纳入特许经营管理的业务项目必须是非航业务。

第二，纳入特许经营管理的业务项目可以是非航空港公司独占的、航空港、航空公司和驻场单位均可或均已开展的业务项目。

第三，纳入特许经营管理的业务项目可以是航空港公司独占但市场化程度较高的业务项目。

具体来看，根据我国航空港现有业务构成状况及调整趋势分析，我国航空港目前实施特许经营的业务范围主要包括航空港商业活动和航空港地面服务。

（1）航空港商业活动。

航空港商业活动主要包括航站楼内各种餐饮娱乐、免税零售、交通服务、广告、酒店服务、货物集散和仓储服务等辅助业务。

航站楼是航空港进行特许经营的区域，对航站楼内进行合理的、系统性的规划，加大特许经营业务的空间，有利于吸引客流、刺激消费、增加航空港特许经营收入。

其具体做法如下：首先要增加商业活动的使用面积；其次要根据大多数旅客在航站楼行走的习惯线路，在航站楼和廊厅尽可能地集中所有特许经营项目；同时，可以将绝大多数特许经营项目安排在靠近飞行区的一侧，并将部分特许经营项目延伸至登机口附近，方便满足时间紧张的旅客的购物需求。此外，对于特许经营项目，除合理化的空间构成外，还需要在运营效率、服务质量、商品价格和购物环境等方面进行改善和提高，从而提升非航收入的比重。

（2）航空港地面服务。

航空港地面服务主要包括一般代理、配载和通信、集装设备管理、旅客和行

李服务、货物和邮件服务、航空配餐服务、航空油料服务、飞机地面服务等业务。在航空港地面服务的提供上，通过特许经营权引入 2～3 家专业化的航空性业务服务公司或者由基地航空公司组建的地面服务公司共同承担，可以更好地引入市场竞争机制，保证服务质量。航空港地面服务业务的特许经营，既能成为航空港的稳定收入来源，也能成为航空港国际化扩张的业务保证。

需要特别指出的是，实力雄厚的航空公司可以向汉莎和新航学习，将非航业务直接剥离，考虑聘请专营商代理，或是成立航空公司控股的专业化公司，直接取得机场特许经营权，逐步实现相关业务市场化的目标。而规模较小、实力较弱的航空公司可以考虑将地面服务、配餐等业务委托给专营商代理。

3. 整合航空港资源，构建全新运营管理模式

航空港的管理实际上就是对航空港资源的管理，要通过整合资源，积极推进特许经营和专营，充分发挥资源效用，努力提高资源利用率。整合主业，对产业链的各环节进行组织再造，以核心资源的整合为重点，对生产流程的每个环节进行流程设计。整合辅业，对航空运输的上、下游产业引进市场机制，做专、做深、做精各大行业板块，真正实现主业为主、辅业相辅、分化风险、多元化经营的战略目标，增强航空港的盈利能力。

在充分整合航空港资源的基础上，借鉴国际上航空港实施特许经营的经验和成熟的管理模式，明确航空港土地所有权和管理者的主体地位，科学划分航空港经营性项目与非经营性项目，以及可实行市场化、社会化经营的业务范围，有计划、有步骤地推行特许经营和委托经营[46]。运用"契约＋特许经营＋行政管理"的模式对航空港经营性项目进行管理，航空港管理者通过对运营商收取特许经营权费和设施设备使用费，规范航空港资源使用，降低航空港管理成本，扩大收入来源，提高收益稳定性，避免经营风险，精简管理机构，提高运营效率，强化航空港服务平台建设，实现由经营型向管理型转变。

此外，航空港管理机构必须根据过港旅客的需求，结合航空港所在城市的特点和航空港的实际情况进行研究和规划，确立航空港独具特色的核心服务理念，同时要求受许企业按照航空港管理机构确立的核心服务理念进行经营，增强航空港特许经营的成效。

航空港特许经营的实施对策，如图 5-19 所示。

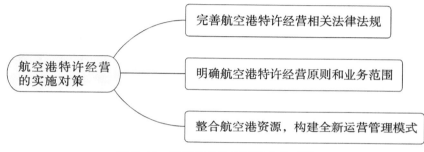

图 5-19　航空港特许经营的实施对策

5.5　本章小结

本章首先界定航空性业务的概念及其分类，进行了航空港收入的对比分析；其次，阐述了航空港特许经营的概念及分类、航空港特许经营含义及类型和航空港特许经营必要性分析等；再次，总结了国外航空港特许经营实践；最后，阐明了我国特许经营实践存在的问题及对策。

学术研讨

结合所学知识，全面汇总整理一个或两个公共设施（以公共基础设施为主）特许经营成功案例。要求：有理有据，言之有物，尽可能用自己的语言表达。

第 6 章

航空港运营管理模式研究

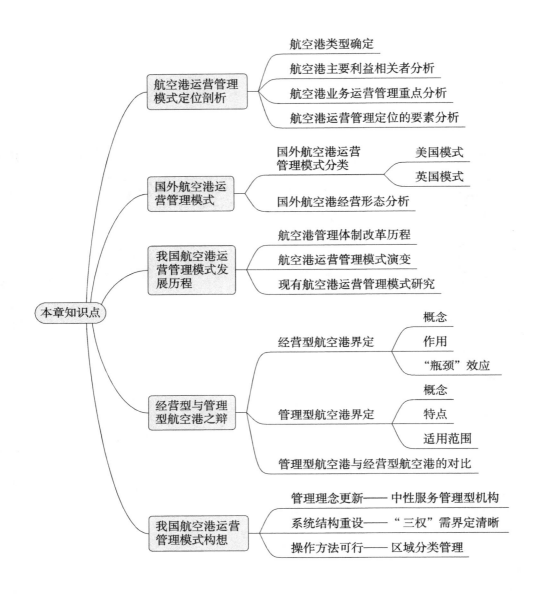

本章知识点

- 航空港运营管理模式定位剖析
  - 航空港类型确定
  - 航空港主要利益相关者分析
  - 航空港业务运营管理重点分析
  - 航空港运营管理定位的要素分析
- 国外航空港运营管理模式
  - 国外航空港运营管理模式分类
    - 美国模式
    - 英国模式
  - 国外航空港经营形态分析
- 我国航空港运营管理模式发展历程
  - 航空港管理体制改革历程
  - 航空港运营管理模式演变
  - 现有航空港运营管理模式研究
- 经营型与管理型航空港之辩
  - 经营型航空港界定
    - 概念
    - 作用
    - "瓶颈"效应
  - 管理型航空港界定
    - 概念
    - 特点
    - 适用范围
  - 管理型航空港与经营型航空港的对比
- 我国航空港运营管理模式构想
  - 管理理念更新——中性服务管理型机构
  - 系统结构重设——"三权"需界定清晰
  - 操作方法可行——区域分类管理

6.1　航空港运营管理模式定位剖析

6.1.1　航空港类型确定

航空港定位清晰，建立与航空港属性相匹配的责权关系，厘清利益相关者与航空港建设管理的关系是航空港行业发展的必要前提。根据航空港的双重属性，即公益性与收益性，将航空港分为以下 4 类。

（1）公益性航空港。这种定位突出了航空港的公益性，将航空港作为公益设施进行管理。这类航空港的投资由政府负责，产权归政府所有，由政府直接管理或组织航空港当局对航空港进行管理。公益性航空港的运营更多是为了满足国家或行业整体目标的实现。

（2）收益性航空港。随着航空运输的发展，航空港的规模不断扩大，所需的建设资金越来越多，而完全通过行政手段管理航空港，制约了航空港的经营，使航空港亏损现象严重。同时，随着对航空港收益性认识的深入，航空港的商业化运营日益受到重视。收益性航空港的运营主要考虑其收益目标的实现。

（3）公益性第一、收益性第二的航空港。这种定位是突出航空港的公益性特点，但航空港当局在政府许可的前提下，可以直接经营一些项目。

（4）收益性第一、公益性第二的航空港。这种定位是突出航空港的收益性特点，航空港是一个以盈利为主的企业，同时也要承担大量的社会责任。

双重属性下的航空港分类如图 6-1 所示。

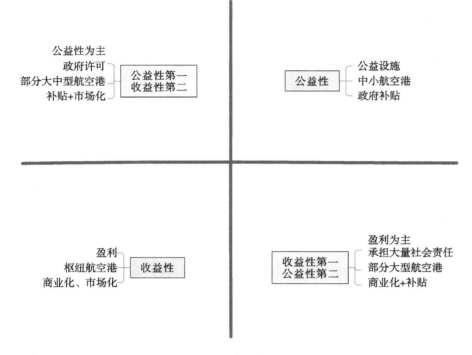

图 6-1　双重属性下的航空港分类

6.1.2　航空港主要利益相关者分析

属地化改革后，航空港主要利益相关者分为 3 类，即机场管理机构、地方政府和航空公司[47]。

1. 机场管理机构

民航局作为中央政府的行业管理部门，对航空港承担的主要职责是制定、监督和审批，即制定航空港建设和安全运行标准及规章制度，监督管理航空港建设和安全运行，审批航空港总体规划，对民用航空港实行使用许可管理等，从而确保航空港满足航空需求的增长，确保航空港符合飞机运行标准，确保航空乘客及物品的安全运输等。

2. 地方政府

地方政府与航空港的关系主要体现在两个方面：一方面是航空港建设运营对当地产生积极的影响，如促进地区经济的发展、增加就业等；另一方面是政府管理部门进行航空港基础设施规划建设，对航空港进行必要的监管与补贴，及时处理航空港给当地带来的负面影响。

3. 航空公司

航空公司以航空港作为飞机起降的基础设施，直接或间接（通过驻场商业单位）向旅客、货主提供航空服务。航空公司和航空港是典型的供需关系，两者相互依存。一方面，航空港需要航空公司的飞临，旅客吞吐量是机场一切收入的根本；另一方面，航空公司的运营须以航空港为基点，客运货运的组织、集散与流转也多在航空港内进行，只有设施完备的航空港才能使航空公司最终实现产品的完整生产。

航空港的 3 类主要利益相关者，如图 6-2 所示。

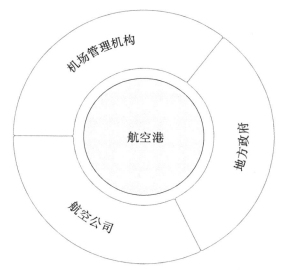

图 6-2　航空港的 3 类主要利益相关者

需要说明的是，航空港的利益相关者，除了上述提到的 3 类，还包括旅客、货主、航空公司雇员、当地居民、接机者、观光游客等。由于研究有所侧重，故在此不予展开论述。

6.1.3　航空港业务运营管理重点分析

1. 航空性业务运营管理重点分析

如前所述，航空港在航空运输链条中所处的弱势地位以及对政府的高度依赖，导致大多数航空港市场化程度较低，缺乏先进的经营理念。航空性业务收入与航空港企业生产运行的业务量规模和相关收费项目的费率存在明显的正相关[48]。因此，航空性业务管理重点有两方面。

一方面，提高生产运行规模，确保安全与质量前提下的成本控制。在高度经济管制（价格）与公益属性要求的大背景下，航空性业务的管理模式相对简单，尤其是政府补贴的支线，航空港直接把收益管理交给航空公司、地方航空投资公司或旅行社，几乎没有收益管理的意识。因此，尽可能提高生产运行规模，进行必要的成本控制是其管理重点。

另一方面，提高航空性服务（包括地面服务）的整体效率，为商业零售与餐饮等非航空性服务争取更多的消费时间。对于旅客而言，航空港实质上是"一个快速抵离的场所"。无论是出港，还是进港，旅客预期在航空港停留的时间都是有限的。体验航空性服务（进出港流程中不可缺少的内容）的时间与体验非航空性服务的时间呈现明显的负相关，航空性服务时间越短（服务效率越高），留给非航空性（辅助收益）服务体验的时间就越长，从而可以产生更多的非航空性收益机会。

2. 非航业务运营管理重点分析

航空港非航业务运营管理重点是模块化管理、专业化经营、特色化服务，充分发挥航空港综合服务功能，尽可能多地创造获得商业收入的机会（如娱乐和休闲设施）。如前所述，航空港旅客的吞吐量和旅客构成在很大程度上决定着机场非航业务的经营项目及经营特色[49]，由租金收入与特许权收入组成的非航业务收入在航空港总收入中占有很大比例。

一般情况下，航空港管理部门将场地、设施出租给航空港直接用户，如航空公司、地面代理公司等；同时向餐饮、商贸、银行等各种专业服务商收取其在航空港经营的特许费用，引入专业公司进行分类管理。2020 年，民航局印发《中国民航四型机场建设行动纲要（2020—2035 年）》，对"平安、绿色、智慧、人文"四型航空港非航业务运营管理工作进行了顶层战略设计。平安角度，非航业务在航站楼内工作人员众多，工作场所在楼内几乎全覆盖，其对维护空防安全、消防安全及食品安全有着至关重要作用；绿色角度，倡导绿色消费，传递环保理念；智慧、人文角度，由于非航业务与旅客消费关联度较高，航空港商业品质直接关系着旅客的出行感受。进行模块化管理、专业化经营、特色化服务是航空港非航业务运营管理的重中之重。

6.1.4　航空港运营管理定位的要素分析 [32]

随着对航空港特征认识的不断深化，世界各国的航空港不管所有权如何安排，运营管理模式都呈现出由政府管理的公益性设施向收益性企业发展的趋势。虽然从当前世界航空港的运营现状看，无论是航空港的产权构成、具体运营方式，还是收入取得与成本支出，都没有一个被各方接受的统一模式，但是，航空港的发展，特别是 20 世纪 90 年代以来的发展表明，在承认航空港公益性定位的同时，航空港收益性定位的趋势不断得到加强，而且实践证明，具有一定吞吐量的航空港都可以取得良好的收益。

1.传统认知与现代理念的碰撞

传统上，基于航空港是公益性基础设施的认识，航空港的功能单一，基本上以满足航空公司的业务需求为中心；收入主要包括起降费和向航空公司收取的设施使用费和服务费；同时，为保证整个行业的运转和发展，航空港对航空公司的收费价格往往低于成本；航空港的亏损由政府补贴。随着民航业的发展与对航空港收益性的重视，航空港的功能由单一化向多功能发展；服务对象从航空公司、旅客、货主扩展到当地居民及相关行业；航空港产权出现多元化，由单一的国有向政府、企业及私人多方拥有转变；运营方式也向商业化、企业化拓展。

2.公益性与收益性的权衡

公益性与收益性是航空港的固有特征，不同的航空港由于所处的地理位置不同，在航空运输网络中所占的地位、中央及当地政府给予的政策也不同，其公益性与收益性由谁主导存在差异。总的来讲，那些以国防、开发边远地区经济需求以及保证普遍服务体现社会公平为出发点而建设运营的小型航空港，往往只能依靠航空性业务收入，而较低的吞吐量使得航空性业务收入很难弥补航空港运营成本。这种航空港更多地呈现公益性的特征，即通过牺牲自身利益为实现国家政治经济目标提供无偿贡献。而那些具有一定吞吐量的航空港，一方面由于规模经济的存在，可以取得较多的航空性业务收入，更重要的是这类航空港通过商业性开发，可以取得更为可观的非航业务收入，从而使航空港更多地呈现出收益性的特征。

3.航空港功能实现的评价标准

需要说明的是，无论采取哪一种投资体制或经营体制，航空港的运作结果并没有太大的差别，换句话说，以美国为代表的公益性体制和以英国为代表的市场化体制没有好与坏之说。在航空港运营过程中，应重点考虑航空港硬件设施的改善能力和改善结果、航空港吞吐量、航空港服务质量等指标。若航空港设施能够不断得到改善、航空港吞吐量能够稳定增长、航空港服务质量能够不断提高，则表明航空港作为公用基础设施的功能得到了保证。

航空港运营管理定位要素分析，如图 6-3 所示。

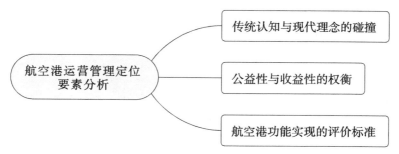

图 6-3　航空港运营管理定位要素分析

明确航空港类型，主要利益相关者，航空港业务运营管理重点、要素等内容后，接下来重点分析国外航空港运营管理模式。

6.2　国外航空港运营管理模式

6.2.1　国外航空港运营管理模式分类

国外航空港运营管理模式大体可划分为美国模式和英国模式[①]。

1. 美国模式：公益化

美国作为世界主要发达国家之一，航空业起步比较早，发展出独具特色的航空港建设管理模式，即公益化。美国政府将航空港定性为："不以营利为目的、为社会提供公益服务的公共产品，是城市基础设施。"其强调航空港的公共产品属性，把航空港归为城市基础设施，美国政府或者地方政府拥有绝大多数商业航

[①]　在航空港运营管理模式的研究中还有日本模式，本书不做讨论。

空港的所有权，主要由政府负责投资建设和管理。具体来看，建设资金来源主要由联邦基金、旅客设施费和机场债券3部分构成，管理机构是具有公用事业性质的航空港管理局——交通运输部下属的联邦航空局。

航空港运营管理主体可以划分为多种，如市或郡政府、州政府、联邦政府的一个特殊的部门机构、航空港管理委员会或航空港管理机构、咨询公司、多重管辖区域局（如纽约–新泽西港务局）等。主要分为两个层面。

（1）航空港层面，其航空港经营管理是由政府或政府授权的机构从事。航空港当局只负责航空港基础设施的建设和维护，收取飞机起降费。

（2）具体业务层面，其经营管理模式是特许经营。具体的地面服务项目，从停机坪上的各种地勤服务到航站楼内的各种业务和商业服务，都是通过特许经营的方式，由其他公司和实体经营取得经营收入。

尽管将航空港定位为公共产品，美国政府对航空港建设管理也不是一视同仁，而是针对不同规模、不同重要性的航空港实施不同的补贴政策。大中型航空港通常能够盈利，可以通过航空港债券融资方式来满足资金需求，而不需要或较少需要联邦政府的资助；非枢纽航空港通常亏损，发行债券的能力有限，虽然具备一定的资金积累能力，但这通常是不够的，仍然需要一定的政府资助；非主干航空港则大部分靠政府资金来满足建设需求。政府甚至对这些航空港经营亏空也进行补助。这些措施为绝大多数中小航空港的生存和发展提供了条件。

美国航空港飞行区、航站区和航空公司租赁区经营收入构成情况，见表6-1。

表6-1　美国航空港飞行区、航站区和航空公司租赁区经营收入构成情况

区域名称	收入构成
飞行区	起降费、飞机停场费、燃油附加费
航站区	食品和饮料、旅行服务和设施、个人服务、娱乐和广告等诸多特许经营收入
航空公司租赁区	货运楼、办公室租赁、售票柜台、机库、运行和维护设施收入

以航空港层面管理（公益性）和具体业务管理（收益性）为主的美国航空港运营管理模式，如图 6-4 所示。

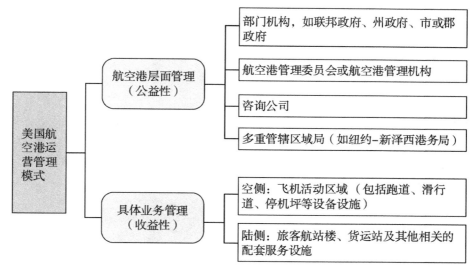

图 6-4　美国航空港运营管理模式

综上所述，美国航空港运营管理模式为政府所有并管理航空港，体现其公益性特点，但是航空港具体业务则采取特许经营的方式由私营机构进行运营，体现其收益性特点。

具体来看，美国航空港的运营管理模式主要有以下特点。

（1）公益化定位。

航空港归政府所有，体现公益化特点，由政府负责投资建设和管理。

（2）管理型机构。

航空港管理机构多为管理型而非经营型，人员精简但职责明确，只负责制定航空港的发展规划、开辟航线、对航空港设施的出租和日常维护工作。航空港用工制度灵活多样，经营性项目的社会化程度很高。其管理目标明确，就是发展航空港，以最优惠的条件吸引航空公司为公众提供便利的航空

港设施。美国航空港起降费实行成本定价，航空港受到严格的财务监督，甚至航空港的建设投入及人员工资支出预算，也要经过使用航空港的航空公司监督同意。

（3）政府政策支持。

政府不仅出台优惠政策减免航空港运营管理的税费，还会返还部分从航空港商店等经营收益中征收的税费来支持航空港的发展。各级政府和美国联邦航空管理局（Federal Aviation Administration，FAA）对航空港的建设和经营给予资金补贴，为绝大多数中小航空港的生存和发展创造了条件。

美国航空港运营管理模式的主要特点，如图 6-5 所示。

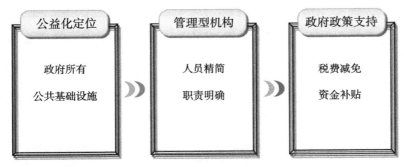

图 6-5　美国航空港运营管理模式的主要特点

2. 英国模式：企业化和私有化

英国航空港运营管理模式的特点是企业化和私有化。无论是在宏观上——航空港层面上，还是在微观上——航空港的具体业务层面上，航空港的运营方式都是一致的，即实行企业化、商业化运营。以英国为代表的欧洲航空港普遍采用市场化运作模式，虽然在管理体制和融资模式方面各有不同，但在投入运营之后普遍采用市场化运作模式。在英国航空港融资模式中，政府主导多元化投资建设，采用拍卖经营权、公开招标租赁、BOT（Build-Operate-Transfer）等方式引进民间资本，转变其经营模式，允许私人投资建设并拥有，以此拓宽航空港建设投融资渠道。如英国大伦敦都市区的五大机场群均是由英国的航空港管理集团统一管理和经营的。这种模式更加关注航空港的盈利能力，尤其是资源的合理利用，避免资源的浪费，显示市场经济的优势。

具体来看，1987 年以前，英国的航空港是由英国航空港管理局（British Airports Authority, BAA）[①] 经营管理的公有设施，就在这一年，英国航空港实行全面民营化。由于民营化之前 BAA 的资金受制于财政政策和公共部门借贷限制，作为一家国有授权机构，BAA 经营范围被限制在航空港行业。除更大的经营自由外，民营化的主要优势是提高效率。1986 年英国政府将 BAA 出售给私人投资者，政府只拥有体现宏观调控职能的"1 英镑金股"，用来在政府需要干预的时候行使否决权。如果政府认定航空港经营中存在歧视用户，或者不公平地利用其谈判地位或者从事掠夺性定价，政府可以予以撤销。政府还对主营业务制定了详细的价格管制。其直接动因是航空需求超过航空港设施供应能力，而新建和扩建航空港的耗资太大，政府必须寻求新的资金来源。

简单地说，英国航空港是企业型的航空港，航空港通常利用其自然垄断优势，投入大量的人力、物力、财力，全面开发、运营航空港业务，力争为顾客提供所有的服务，目前大部分服务都由航空港自行提供。因此，英国航空港管理模式为航空港作为企业独立经营，其非核心业务同样采取特许经营的方式由私营机构运营。

英国航空港运营管理模式，如图 6-6 所示。

---

① 英国航空港管理局现已更名为希思罗有限公司，本书仍习惯性采用原称呼，即 BAA。

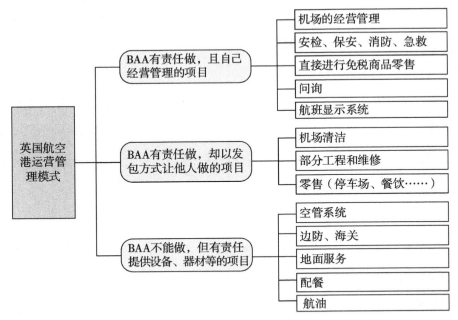

图 6-6　英国航空港运营管理模式

具体来看，英国航空港的运营管理模式主要有以下特点。

（1）航空港资产定位。

将航空港定性为经营性资产，把 BAA 定位为航空港管理专业公司，通过多样化的管理模式和有效的经营方式，创造最大利润。

（2）多样化管理。

BAA 根据航空港的实际情况采取不同的模式进行经营管理。诸如拥有部分股权及整个航空港经营管理权、不参股但拥有整个航空港的经营管理权、控股机场管理公司、拥有部分经营管理权等。

（3）企业化运营。

BAA 经营管理以下业务：航空港安检、急救、免税店、问询、航班显示系统；地面服务、配餐、航油、部分工程和维修、零售、停车场、餐饮；为空管系统、公安、边防、海关及其他公共职能提供设备设施。由此，英国航空港运营管理无论是在宏观上——航空港层面上，还是在微观上——航空港的具体业务层面上，航空港的运营方式都是一致的，即实行企业化运营。

英国航空港运营管理模式的主要特点，如图 6-7 所示。

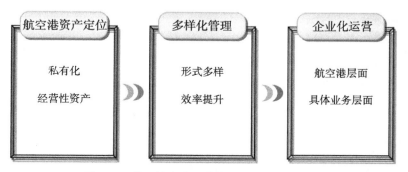

图 6-7 英国航空港运营管理模式的主要特点

需要说明的是，鉴于英国航空港作为营利性企业来定位，英国航空港可以通过上市来募集投资资金。航空港所有权并没有一个由中央政府向地方政府下放的过程，而是直接私有化并上市，也正是由于这种定位，航空港采取企业化的经营管理模式。但是，英国并不是对所有航空港都实行私有化，而是将大中型航空港和有盈利能力的小航空港进行私有化。在英国，仍然有许多小航空港是由政府投资并管理的。

美国与英国航空港的运营管理模式比较，见表 6-2。

表 6-2 美国与英国航空港的运营管理模式比较

内容	美国模式	英国模式
航空港运营主体性质	政府机关	企业
所有权	国家所有	私人所有
所有权改革方式	由中央下放到各地方政府	由中央直接转让给私人
投资体制	各级政府	私人股东或企业自身
经营管理体制	只有管理，没有经营	经营

6.2.2　国外航空港经营形态分析

国外航空港经营形态主要包括国家管理、当地政府管理和私人企业管理 3 种。其各自的优、缺点具体如下。

1. 国家管理——国家民航主管当局直接管理航空港

优点：可以迅速适应国家政治任务的需要，并且容易和空中交通管制系统配合，集中力量统一调度。

缺点：和当地政府、经济社团联系不紧密，往往不能从地方经济和社会发展角度出发考虑问题，从而形成矛盾。由国家管理会造成工作层次和工作人员偏多，效率不高，不能合理配置资源，难以适应经济发展的需要。

2. 当地政府管理——目前世界上大部分航空港采取的形式

优点：航空港是当地经济发展的重要组成部分，通过当地政府管理能把地方社会经济发展的要求和机场统一协调起来，同时能调动地方投资的积极性。

缺点：有时会与民航主管当局及非本地的航空公司产生利益上的矛盾，要注意协调解决。

3. 私人企业管理——英国 BAA 集团

优点：完全按照企业经营但受到政府相关法规的限制，主要目标是追求企业的利润和效益，提高经营效率。

缺点：需由政府控制并协调经营的波动性，有忽视社会效益的倾向。

目前国外航空港主要的经营形态及侧重点，见表 6-3。

表 6-3　目前国外航空港主要的经营形态及侧重点

经营形态		侧重点
国家管理	政府所有及运营	由政府交通运输部门的民航局所有并管理。大多数航空港在开始运营前，多由军方管理直至民航运量增加到一定程度，才与军用逐渐分离
	政府所有，公司化运营	航空港仍为国家所有，但政府以公司化形式经营航空港，该经营模式旨在增加航空港的财务与经营弹性，以及持续投资基础设施建设。航空港公司的股权可为中央或地方政府所有，例如，西班牙巴塞罗那机场、荷兰阿姆斯特丹机场

续表

经营形态		侧重点
地方政府管理	地方政府所有及运营	航空港由地方政府所有，服务范围为该行政区域。地方政府可以拥有数个航空港。多数地方政府由于财务与操作上的限制，将航空港外包给其他公司操作以节省开支。例如，加拿大将经营权转移给地方政府，但航空港仍为联邦政府交通运输部所有
	地方政府所有、民间机构运营	地方政府借特许、契约外包、BOT、共同投资、股权释出等方式，吸引民间机构经营航空港。例如，日本关西机场及日本中部国际航空港等，就是以共同投资形式成立的航空港公司
私人企业管理	民营公司所有及运营	航空港以民营化形式经营，股权以公开上市方式释出。例如，英国BAA 旗下的盖特威克机场

6.3　我国航空港运营管理模式发展历程

6.3.1　航空港管理体制改革历程

1. 第一次体制改革：1978—1987 年

邓小平同志指出，民航要走企业化的道路。

·1980 年 3 月 15 日，民航总局脱离空军建制，成为国务院的直属局，主管民航事务。

·1980—1986 年，民航总局按照走企业化道路的要求，进行了以经济核算制度和人事劳动制度为核心的一系列管理制度改革。

·民航总局既是行政机构，又统管航空公司和航空港的建设，航空港建设由过去单纯依靠中央财政拨款，开始采用借款，包括银行借款、世界银行借款和政府投资。

2. 第二次体制改革：1987—2002 年

民航总局实施政企分开，成立独立的航空港管理机构。民航总局行使行政管理职能，不再直接经营航空运输业务。

·1988—1994 年，改革投资体制。民航总局先后制定了允许地方政府、国内企业和公民投资民航企业和航空港的相关规定。

·1994—1998 年，主要是改革航空港建设和管理体制。初步形成了民航、地方、民航与地方联合建设和管理航空港这三种主要模式。

·航空公司和航空港分离后，出现一个新的动态，地方政府对于建设航空港表现出很大的积极性，很多地方开始自己建设航空港，航空港建设成功以后，移交给民航管理。

3. 第三次体制改革：2002—2009 年

联合重组航空运输公司，航空港实行属地化改革。

·2002 年 3 月 3 日，国务院下发《国务院关于印发民航体制改革方案的通知》（国发〔2002〕6 号文件），通知规定航空港实行属地化管理，调动地方政府发展民航事业的积极性，实现航空港资源共享、企业化经营，形成有利于航空港建设和发展的管理体制。

·2004 年 7 月 8 日，体制改革圆满完成。在这次改革中，除北京首都国际机场和西藏自治区内的机场外，其他省 90 个由总局直接管理的航空港全部移交地方政府管理。

·2005 年，北京、上海、深圳、厦门 4 个城市的航空港非航空类商业活动剥离，试点特许经营模式。

·2008 年 3 月 1 日，实施《民用机场收费改革方案》。

·属地化改革后，中央政府把航空港管理权下放到地方政府，地方政府建设航空港的积极性大大提高，主要融资方式包括股权融资、债券融资等。需要说明的是，银行贷款仍是主要的融资手段。

4. 第四次体制改革：2009 年至今

2009 年 7 月 1 日，正式实施《民用机场管理条例》，条例首次正式明确民用航空港的公共基础设施定位，强调航空港管理机构由经营型向管理型转变。

·《民用机场管理条例》规定，民用航空港是公共基础设施，对于采取有偿转让经营权的方式经营的业务，航空港管理机构及其关联企业不得参与经营。

·按照民航局的调整思路，航空港将分为公益性的飞行区和经营性的航站区，两块资产采用不同的管理模式。

管理型航空港：航空港主要从事航空港规划、政策制定、监督执行等重要工作，实现精干高效的管理目标。

1978 年至今，我国航空港管理体制改革历程，如图 6-8 所示。

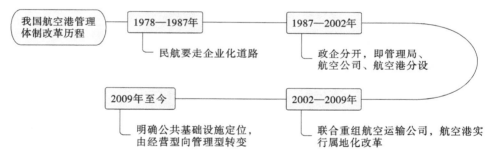

图 6-8　我国航空港管理体制改革历程

6.3.2　航空港运营管理模式演变

1. 第一层次：1978 年以前的政企合一行政配置模式

改革开放之前，我国航空港运营管理模式基本上是政企合一的行政配置模式，航空港运营业务简单，管理模式单一，航空港更多地体现航站的概念而不是完全意义的企业，是一个完全的航空运输保障单位。由于业务量不大，航空港的

管理没有经营的概念和效益的观念。同时，航空港的经营业务主要围绕航空保障发展，尚没有商业资源的开发，或者是由民航地区管理机构以行政手段统一配置。

2. 第二层次：1978—2002 年的局港分离企业化经营模式

改革开放之后，随着我国经济的发展，我国航空港得到较大的发展，各主要航空港的业务量不断增加。经历第二次民航管理体制改革后，国内航空港的体制和功能发生了重大改变，一些民航省局（航站）与航空港从原来的"二位一体"实施局港分离，进行企业化经营，航空港的所有权与经营权仍为一体。而在商业资源开发方面，航空港最初保障性的简单商业配套取得很好的收入，特别是在 20 世纪八九十年代我国尚处于卖方市场时，更是获得了很好的经营收益。而商业项目经营的成功又刺激了航空港经营者加大对航空港业务经营项目的投入，所经营的项目从商业项目扩张到前场运营保障项目，最终导致航空港经营管理模式出现变化，从运营保障转向运营经营。

3. 第三层次：2002 年至今的经营型与管理型模式之争

在经历政企分开、股份制改革等几次大的改革之后，我国各大航空港经营型运营管理模式最终确立。航空港进行属地化改革后，我国航空港通过市场化运营实现快速发展，保持较高的安全运营水平，运输规模和运营效率得到了极大提升。北京、上海、广州、厦门、深圳等机场已在沪深港股市公开发行股票。杭州萧山机场、西安咸阳机场通过与香港机场、法兰克福机场实施战略合作，引入先进的机场运营管理经验和技术。此外，通过产权转移、委托管理等多种方式，我国已经形成首都机场集团、西部机场集团和海航机场集团等跨省区大型航空港管理和运营企业。

我国航空港运营管理模式的演变，如图 6-9 所示。

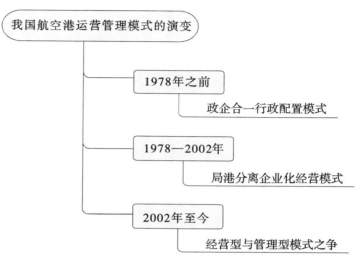

图 6-9　我国航空港运营管理模式的演变

6.3.3　现有航空港运营管理模式研究

1. 传统与现代运营管理模式对比

（1）传统运营管理模式。

在传统运营管理模式下，航空港的功能比较单一，基本上是以满足航空公司的业务需求为中心，提供的服务主要包括：第一，提供技术、安全保障，如空中交通管制、通信、导航、气象、保安及消防等服务；第二，为航空公司提供商业服务保障，如客货运地面服务、飞机加油、机务维修，以及为国际航空港提供联检等；第三，提供其他附属商业服务，如餐馆及停车场服务等。

在这种模式下，航空港在规划建设时主要考虑的是为旅客货物处理提供便利，而分配给其他商业活动的场地则很少。

（2）现代运营管理模式。

在现代运营管理模式下，航空港的服务对象主要包括两个方面：一方面是航空公司、旅客、货主等传统客户；另一方面是航空公司雇员、当地居民、接机

者、观光游客等一切潜在顾客以及当地工商企业。

航空港不仅努力扩大服务对象，还通过增强航空港综合服务功能，把航空港作为航空运输和商业服务中心成片开发，增设商业购物中心、旅馆、办公楼、会议中心、娱乐设施等。

在这种模式下，航空港在设计时满足处理旅客货物便利的同时，还要尽可能多地创造获得商业收入的机会（如娱乐和休闲设施），即使这与航空运输并不直接相关。在现代运营管理模式下，由租金收入与特许权收入组成的非航空性业务收入在机场总收入中占有大部分比例。

2. 非航业务运营管理模式

目前，国内外主流的航空港非航业务管理模式大致可分为 3 种类型：一是成立专业公司运营管理，二是航空港商业部门直接运营管理，三是航空港委托第三方运营管理。3 种模式的具体情况及各自侧重如下 [50-52]。

（1）专业公司运营管理模式。

机场管理机构（或其母公司）在战略管控层面对非航业务资源进行统筹管理，成立全资或合资专业子公司，将非航业务资源以租赁或者委托管理的方式交由专业公司进行经营管理，专业公司通过发挥资源规模优势，实现对各航空港资源价值的深度挖掘。这种管理模式多见于运营一市多场或跨区域多航空港的机场管理机构（集团）。

采用这种非航业务管理模式的公司代表有国内的首都机场集团，以及欧洲的法兰克福机场集团、巴黎机场集团等。

（2）所属商业部门运营管理模式。

机场管理机构的商业部门直接对非航业务资源进行运营管理，基于航空港特性及利益诉求开展业态规划、品牌定位、招商管理等工作，商业部门类似于品牌集成商，能够快速响应旅客需求和市场变化，具备较强的跨板块协作能力，从而能够及时对业务进行调整。这种管理模式多见于运营单个航空港的机场管理机构。

国内大多数机场管理机构采用这种非航业务管理模式，此外，亚洲的新加坡樟宜机场等也采用这种模式进行商业管理。

（3）全部或部分委托第三方运营管理模式。

机场管理机构仅作为非航业务资源的产权所有者，直接将非航业务外包给与其无股权关系的专业第三方经营管理，自身管理投入较低，且能够获取稳定的收入。或者将商业规划、招商等工作交由第三方机构负责，航空港负责日常安全、运营等工作。这种管理模式多见于运营单一航空港或跨区域多航空港且跨基础设施的机场管理机构。

采用这种非航空性管理模式的有美国的纽约－新泽西港务局、洛杉矶机场管理局等。

上述 3 类主流的非航业务发展模式各具特色、各有优势，但均能促进航空港非航业务的资源价值发挥。在具体选择何种模式运营非航业务上，各机场管理机构应依据以下 4 个要点（图 6-10）进行相应选择，从而更好地确定适合航空港自身发展要求的运营管理模式。

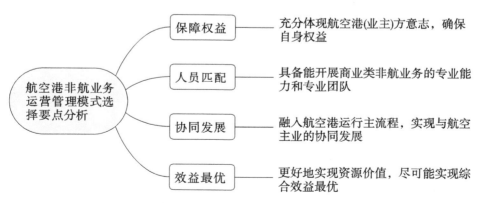

图 6-10　航空港非航业务运营管理模式选择要点分析

3. 我国航空港的运营管理模式细分

我国航空港现行的运营管理模式，见表6-4。

表6-4　我国航空港现行的运营管理模式

管理模式		隶属关系	省份（航空港集团）
运营管理架构	跨省机场集团模式	首都机场集团收购、托管、参股35家	京津渝黑吉蒙鄂赣黔晋10省集团
		西部机场集团管理4省11家机场	陕甘青宁全部机场
	省（区、市）机场集团模式	12省（自治区、直辖市）机场集团，统一管理本省（自治区、市）内所有机场或部分机场	沪冀湘滇新（全） 辽晋鲁皖粤桂川（部）
	省会机场公司模式	2个省会机场由省政府管理，省内其他机场由所在地市政府管理	苏（南京） 豫（郑州）
	市机场公司模式	31家机场由所在地市政府管理	闽（全） 辽鲁苏浙皖豫粤川（部）
	航空公司管理模式	海南航空公司	甘琼（全） 蒙鲁皖鄂晋桂（部）
		深圳航空公司	苏（常州）
		厦门航空公司	闽（武夷山）
		山东航空公司	鲁桂黔（部）
	委托管理模式	2个省机场集团由首都机场集团托管	黑龙江、内蒙古机场集团由首都机场集团托管
		1家机场为合资管理	珠海机场由中国香港机场管理局和珠海市政府成立的合资公司管理
股权角度	主要的中外合资机场	3家	南京禄口机场（新加坡机场）、杭州萧山机场（香港机场集团）、西安咸阳机场（法兰克福机场）
	上市机场公司	6家	北京、上海、广州、深圳、厦门、海口

注：全——"全部机场"的简称；部——"部分机场"的简称。

我国众多航空港运营管理模式的存在，一方面是我国经济社会发展的必然产物，对民航发展做出了贡献；另一方面，众多航空港管理模式的存在，也使得航空港目前出现如下问题：① 航空港产权体制模糊（如所有权与经营权不分），综合管理错层错位问题严重；②航空港定性不清、定位不准，现有运营管理模式效率低下；③航空港商业开发程度有待提高等。在各种管理模式中，管理机构的定位是影响管理效率的关键因素。经营型管理机构通过直接介入具体业务管理航空港，而管理型机构则是通过特许经营授权专业机构管理相关业务。从世界航空港的发展规律来看，后者的管理效率更高。

6.4　经营型与管理型航空港之辩

近年来，我国航空港业发展迅速，2021 年，广州白云机场、成都双流机场旅客吞吐量突破 4000 万人次，深圳宝安机场、西安咸阳机场等 7 个机场旅客吞吐量突破 3000 万人次，另有 20 个机场的年旅客吞吐量超 1000 万人次。① 广州、北京和上海三大城市机场旅客吞吐量占我国全部机场旅客吞吐量的 30%。面对如此庞大的规模和快速发展的态势，原有的运营管理模式——经营型越发成为航空港继续发展的"瓶颈"，亟须探讨新的运营管理模式，即管理型。根据中国民航局相关文件精神，实施航空港特许经营的目标是使航空港从经营型向管理型转变，实施的原则是航空港从实施特许经营的项目中退出。这里的"航空港"是指航空港管理机构。

简单来说，所谓经营型航空港和管理型航空港，主要是指航空港的运营管理模式不同，更具体地说，是由于航空港资源运营模式的不同而产生的两种航空港运营管理模式。从这个角度看，通过所有权与经营权的分离，采用社会化资源管

---

① 受新冠疫情影响，2019—20201 年航空港发展速度较之前减缓，特此说明。

理模式的航空港是管理型航空港，在所有权与经营权混合的体制下采取自营模式的经营型资源管理模式的航空港，就是经营型航空港。

6.4.1 经营型航空港界定

1. 概念

所谓经营型航空港，主要是指采取自营模式为主的、以垄断性经营、"大而全"模式，以及管理与经营一体化为特征的、经营航空港范围从保障性的航空性业务到经营性的非航业务的一个相对完整独立的航空港经营主体。主要做法是：经营项目主要采用自己铺摊子、招人马的方式经营，主营业务资源的开发主要依靠投入更多的生产性资金，购买先进的设备设施，招聘更多的人员；非主营业务主要是不断增加延伸服务项目和业务范围，组建相应的经营开发单位，不断增加相应的人员，通过人员和部门的不断增加来拉动非主营业务收入。

2. 作用

从我国航空港的发展历程来看，经营型航空港模式在航空港建设和队伍建设等方面起到了历史性的促进作用，具体表现在以下方面。

（1）有利于大型航空港初期发展。

在大型航空港的发展初期，经营型航空港模式可以较快地提升航空港经济收入总量，使航空港经营者有能力加大对航空港基础设施的投入，最终提升航空港的运营保障能力，较快地扩大航空港的业务生产规模。

（2）能够促进员工收入增长和人才队伍建设。

在经营型航空港模式下，由于航空港经营项目的细分与增加，使得航空港员工收入增加，收入的增加又促进了员工生产经营积极性的提高。如此反复，形成良性循环，从而有利于航空港建设与发展。同时，航空港的管理干部与员工队伍也得到了很好的锻炼和培养。

可以说，经营型航空港模式对我国航空港的早期发展起到了历史性的促进作用。但随着我国航空港生产业务规模的不断扩大，社会经济环境的变化及枢纽航空港的建设发展，航空港的投资主体发生变化，航空港所有权与经营权出现事实的分离，经营型航空港模式逐步体现出与航空港发展的不适应性，并最终演变为航空港运营发展的"瓶颈"效应。

3. "瓶颈"效应

经营型航空港"瓶颈"效应主要表现在以下 3 个方面。

（1）规模臃肿，经营成本骤增。

我国经营型航空港模式经过多年发展，各大航空港都纷纷形成商业、餐饮、酒店、广告、货运、地勤等众多的经营项目。由于各个航空港主要都是采取各自经营的方式，导致航空港运营公司经营的项目越多、经营的规模越大，所设立的经营部门就越多、员工队伍就越庞大。这种模式必将导致航空港陷入客货流越大、经营收入越多，而成本就越高，最终效益越低的恶性循环中。

（2）自营企业经营活力不够，经营风险高。

经营型航空港的发展在所有权与经营权混合的体制下，缺乏有效的制衡和激励，没有压力，缺乏动力，责、权、利不明确，职能不清，关系不顺，导致这类航空港自营项目普遍缺乏经营活力，经营效益不佳，规模偏小，管理粗放，经营要素结构不合理，先进的设施和落后的经营管理形成较大的反差。此外，大型航空港的自营项目多、摊子散、投资大，往往一个项目动辄投资上亿元，存在较高的经营风险。

（3）航空港本位缺失，陷入恶性循环。

航空港运营的本位应是"筑巢引凤"，也就是提供便利的服务来吸引更多的航空公司入驻航空港，做好航空港运营支持者的角色。而经营型航空港采取的是扩大自营项目以提高收入的模式，角色变为航空港资源的使用者和管理者，对航

空公司在航空港资源使用等方面显失公平,特别是在航空港地面服务项目(如客货代理、配餐、机务等自营项目)上,通过各种方式限制基地航空公司代理其他航空公司的业务,使后者利益受损。

航空公司利益受损必定会降低在该航空港运营的积极性,进而影响航空港业务生产的增长,从而影响航空港运营当局的经营效益;业务生产的收益减少,使得航空港运营当局更加倚重自营项目的收益,而自营项目经营收益的提升则会更大程度地损害航空公司利益,从而使航空港经营陷入两者的恶性循环当中。

经营型航空港"瓶颈"效应分析,如图 6-11 所示。

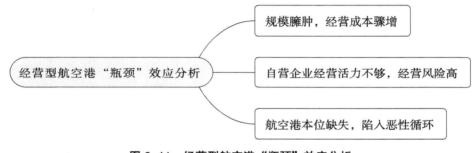

图 6-11 经营型航空港"瓶颈"效应分析

6.4.2 管理型航空港界定

1. 概念

所谓管理型航空港,主要是指航空港运营当局脱离航空港经营者的角色,回归航空港管理者的本位,在航空港的特许经营权的法律环境具备的条件下,基于市场公平原则,不直接从事面对航空港用户的经营性业务,而转变为主要为航空港服务业务的供应者——航空公司提供正常运行的资源和环境,创造公平运营的平台。

航空港管理机构应逐步过渡到不直接从事经营性业务，通过对经营性业务实施专业化、市场化的运作，采取业务外包的形式，将这些业务交由专业公司去做，自身则成为这些业务的监管者，专心从事航空港的规划、建设和管理，为航空公司提供一个公平运营的平台。简单来说，管理型航空港的定义为：在航空港的特许经营权的法律环境基础上，航空港当局根据自己的业务专长选择最有利于自己发展的业务，把不具备经营优势的业务释放出去，采取业务外包的形式，回归到管理状态。

2. 特点

管理型航空港的特点是所有权与经营权分离，其航空港管理机构都是独立的，严格按市场经济规律进行经营，自负盈亏，不受政府和航空港所有者的干预。

一方面，行使所有权的运营当局要逐步摆脱具体的生产经营事务，主要承担航空港总体规划、安全监督、服务与运行效率监管、航空市场与服务项目拓展、航空港商业开发、航空港设施建设、航空港国土资源管理等职责，着力制定各种专业规范和标准、特许经营制度，成为航空港"游戏规则"的制定者和监督者，成为航空港运营的决策中心、资本运营中心和调控中心。

另一方面，通过特许经营的方式，将航空港业务外包给专业公司，吸引专业公司成为航空港运营的利润中心，主要从事航空港业务的生产经营与服务，通过主动走向市场，开拓发展，提供良好的服务和创造良好的经济效益，实现航空港运营价值的最大化。

3. 适用范围

受传统体制影响，长期以来，我国航空港的定性不清、定位不准，大中型航空港目前虽然都已实行企业化经营，但航空港管理当局不仅担负着对航空港这一特殊市场的管理职责，而且绝大部分还直接从事客货代理、配餐、机务等具体的

生产经营活动。在旧的经营管理模式下，一方面，由于垄断缺乏参照、比较、竞争、淘汰，往往造成运营成本过高，企业活力不够等情况；另一方面，由于航空港的特殊地位，对航空公司在资源使用等方面显失公平。实现由航空港"直接生产经营型"向"资源经营管理型"转变，是要最终实现其与具体业务经营主体的彻底脱钩，通过引入竞争机制，优胜劣汰，达到优化场内资源配置、追求效益最大化的目的。

需要注意的是，并不是所有航空港都适合走"管理型航空港"的路子。对大型航空港来说可以这样走，但对于中小航空港来说走纯管理型的路子未必行得通。一方面，中小航空港旅客流量小，资源价值不高；另一方面，我国的社会分工还不够细化，也不符合我国中小航空港的实际情况。南宁吴圩国际航空港副总经理丁文洋提出：我国中小航空港要走经营管理型的路子，就是指由于经营资源及潜力开发的局限性，难以形成规模经营和引进社会化竞争，强调以主业经营为依托，在一些社会化比较成熟的项目上引进专业化经营管理的理念。

6.4.3　管理型航空港与经营型航空港的对比

管理型航空港与经营型航空港相比，有诸多的优势。航空港由经营型向管理型转变是航空港私有化进程、企业化经营及社会专业化水平提高的必然结果。

管理型航空港与经营型航空港的对比，见表6-5。

表6-5　管理型航空港与经营型航空港的对比

序号	内容	管理型航空港	经营型航空港
1	企业制度	所有权与经营权分离，经营与管理机构分立，自主经营，自负盈亏	所有权与经营权混合，既是经营主体又是管理主体，多重身份
2	管理手段	间接干预、宏观操作	直接干预、具体操作

序号	内容	管理型航空港	经营型航空港
3	管理观念	专业化管理,服务保障为主,航空公司与航空港的利益一致性	从既得利益和眼前利益出发,自主经营,肥水不流外人田
4	经营管理方式	管理机构退出经营,通过特许经营的方式引入专业公司运营航空港业务	自行铺摊子、招人马,设立更多的单位和部门,自己经营航空港的各项业务
5	航空港管理局角色	作为所有者、管理者及监管者,着力于制定各种专业规范和标准、特许经营权制度	既是经营者,又是管理者
6	与航空公司的关系	坚持中立定位,地面服务是在航空港监管下为航空公司提供统一标准的优良服务,航空港运营是为航空公司营造良好的平台	因竞争关系,故难以中立,在航空公司的资源使用方面显失公平,使航空公司在航空港的运营受到制约
7	运营模式	作为经营者负责航空港业务运作,通过协议方式取得航空港业务经营权,成为航空港经营利润中心	难以独立进入航空港垄断市场,或以合营的方式获取航空港的优质资源,与航空港运营当局分享利润

成功的管理型航空港运作方式,见表 6-6。

表 6-6　成功的管理型航空港运作方式

国家	主要特点	具体操作方法	结论
美国	通过特许经营权招标的形式	面向全国、全世界选择最优者,由最优者负责资源的深度开发与日常经营管理。大型航空港的地勤服务几乎全部由私营公司承担,航空港商业零售等特许经营项目也由私营企业经营	从全球各主要航空港的运营管理经验来看,整个管理活动均面向市场,采取招标、出租、利润分成等多种办法,靠法规、合同实施管理。管理型航空港模式是适应航空港发展的有效运营管理模式
英国	"合作经营+特许经营"的半社会化模式	对航站楼经营、货站业务、配餐业务、站坪各项业务、地面服务业务等主要采取宏观管理,除部分主营业务外,基本不直接参与经营活动	
德国			
新加坡	专业化经营,通过"特许经营权+专营权"	航空港的各种服务由专业化公司进行经营,实现高标准的服务质量	

6.5 我国航空港运营管理模式构想

根据上述我国航空港运营管理所暴露出的问题，结合航空港的特点，借鉴发达国家航空港的管理模式，可以看出，航空港企业化运营、投资多元化、管理专业化是航空港未来的发展趋势。因此，在明确航空港定位为公共基础设施的基础上，从管理理念更新、系统结构重设和操作方法可行3个维度构想我国航空港运营管理模式。

6.5.1 管理理念更新——中性服务管理型机构

我国的航空港长期以来对其属性没有明确的界定，对航空港一直采取"事业化单位企业化经营"的方式进行表述和管理，由此造成许多管理和经营上的问题。因此，我国航空港运营管理模式的构想首先从管理理念上重新定位航空港，即航空港是中性服务的管理型机构。

具体来看，航空港的运营是中立的，地面服务是在航空港监管下为航空公司提供的统一标准的优良服务，其运营的根本目的是为航空公司营造良好的平台。换句话说，航空港作为公共基础设施，最主要的功能是提供公共服务，因此，航空港管理机构应该统一协调管理航空港的生产运营，维护航空港的正常秩序，为航空运输企业及其他驻场单位、旅客和货主提供公平、公正、便捷的服务。

航空港的资源是公共资源，航空港的产品是公共产品，航空港的服务是公共服务，航空港的发展潜力由地区经济发展水平和航空资源禀赋情况所决定，航空港管理者追求的目标是社会效益的最大化。航空港的社会公益性决定了政府应该对航空港建设和管理进行主导，主要体现在政府指导监督、规划及导向功能、组织协调功能、宏观调控功能、加强基础建设、营造良好环境、制定扶持政策等方面。在以政府为主导的前提下，国内航空港应充分借鉴国际上先进的航空港管理经验，逐步建立符合中国特色的航空港管理模式。

6.5.2 系统结构重设——"三权"需界定清晰

在航空港系统结构上，主要探讨航空港权限：所有权、管理权和经营权的划分、归属等问题。

1. 航空港所有权问题

对于我国目前大部分航空港来讲，其管理权归地方政府，所有权属国家所有。但是，对于一些跨省航空港集团所收购的航空港、航空公司管理的航空港、上市航空港而言，应该进行个案研究，逐一分析航空港所有权的归属问题。只有清楚各个航空港的隶属关系，才能进一步理顺航空港的运营管理问题。

2. 航空港管理权问题

如前所述，美国航空港经营管理由政府或政府授权的机构从事。管理机构只能是采取"教练＋裁判"式的引导、以监督管理者身份出现，其人员相当精简，只负责制定航空港的发展规划、开辟航线、对航空港设施的出租和日常维护等工作。航空港管理机构需创造一个公平竞争的服务环境，来保证航空港及所有设施的安全有效运行。因此，在理顺我国航空港所有权的前提之下，本书认为可以借鉴美国航空港管理的成功之处，航空港管理机构应引导、监督航空港内相关事业单位、商业机构，保证航空港以一种公平的态度、高水平的工作效率为空港公司服务。

3. 航空港经营权问题

我国的航空港管理模式不可一概而论搞企业化，要兼顾社会公益性，按照航空港规模、航空港业务的性质、业务量和地区经济发展状况对航空港进行区别对待、分类管理。

（1）大型航空港。

对于具备自我发展能力、经营效益好的大型航空港，可采取企业化方式运作，同时要严格监督其经营行为。

具体来看，这类航空港应将从事经营活动的各类经济实体进行市场整合，有效地提升航空港的服务水平，创建良好的文明市场环境，同时推进集约经营和品牌战略，促进政企分离。可以在航空港控股公司和民航行政管理机构改制分离清楚后，对这类经济实体进行兼并整合，打造出一批有规模、有品牌的从事航空港配套服务的核心企业，从而达到资源合理配置、节约成本和提高竞争力的目的。

（2）中小型航空港。

对于中小型航空港，明确其基础设施的公益性属性，适当的建设和运营补贴在很长一段时期内仍不可避免。

具体来看，这类航空港由于特定的地理、经济环境决定其旅客吞吐量和货邮吞吐量均不大，国家或地方政府停止补贴就意味着停航。而且其经济效益指标不高，招商引资方面的吸引力较弱。这类航空港的建设资金和运营费用只能是政府投资和银行的信贷资金。因此，航空港可以由地方政府成立事业性机构进行管理，由地方财政部门控制其运营成本，补贴其运营费用，其收费标准也可以由地方政府自主决定，通过优惠收费吸引航空公司开辟航线，发挥服务地方的作用。

6.5.3　操作方法可行——区域分类管理

在具体操作上，实行区域分类管理，主要从飞行区管理、航站区管理和航空港综合管理3个角度分析。

1. 飞行区管理

前文提到，飞行区是非营利性资产，起降服务收入往往不能弥补初始投资的折旧、运行维护费用等成本，纳入企业经营后往往会给航空港带来巨大的财务负担，不利于航空港发展，应该强调其公益性特点。对于飞行区的建设、扩建、运营和维护等一系列工作，应重点考虑以下 3 点。

（1）国家宏观层面上需加强建设管理。

飞行区是实施航空生产的区域，其内的基础设施诸如跑道、滑行道、塔台等直接涉及航空安全，这些设施往往由国家建设，属国家所有。

（2）行业中观层面上需进行航空港收费体制改革。

飞行区涉及的航空性收入主要包括起降费、进近指挥费等，这类收费由政府设立收费标准基准价，一般不做上浮，而下限则由航空港管理机构或服务提供方根据其设施和服务水平的差异程度与用户协商决定。对于航空港收费体制改革来讲，应进一步协调好航空港、航空公司等各方的利益。

（3）航空港微观层面上需加强外资筹措。

航空港应积极拓展合作渠道，吸引外资投资飞行区建设。

三个维度视角下的飞行区运营管理，如图 6-12 所示。

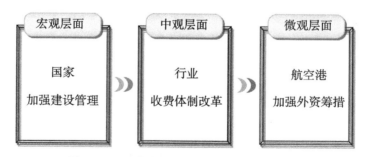

图 6-12　三个维度视角下的飞行区运营管理

2. 航站区管理

航站区是营利性资产，可以经营，应充分挖掘其盈利潜力。在此，从航空港规模上考虑航站区的管理可分为大型航空港和中小型航空港两个层面。

（1）大型航空港商业经营引入特许经营机制。

对于航空港商业经营而言，航空港范围内的餐饮、广告、酒店、配餐、加油服务、零售商业等行业的经营权，可以引入前文提到的特许经营机制，以公开、公平的方式引进民航内外部的商家进入航空港。对于特许经营商，航空港管理机构收取相应业务的特许经营费，同时监督这些专业公司的安全、服务、收费及经营行为。航空港管理机构从直接经营型向管理型转变，变成一个真正的航空港管理者，为航空港内的所有业务主体提供一个协调、有序、公平的运营平台。外部进入的商家也可以依托这一平台，利用自身的优势，改进航空港的服务质量，实现航空港当局与航空港非主营经营者的优势互补。

（2）中小型航空港灵活经营。

在我国，以往通常由航空港自身经营一些航空港商业和地面服务，以此获取某些非航收入来弥补航空港亏损。对于这些无盈利能力的航空港，应根据航空港具体情况而定。在这里，英国 BAA 公司对于航空港经营的做法值得借鉴，航空港当局是否从事具体的经营业务，是由航空港当局根据自身的核心竞争力自行判断的。如果航空港当局认为自身具备核心竞争力，则航空港当局就从事该业务的经营；如果航空港当局认为自身不具备核心竞争力，则航空港当局就通过特许经营的方式，将该业务特许给航空公司或者第三者，即中性的专业公司来经营。

3. 航空港综合管理

航空港综合管理不仅是对航空港飞行区、航站区的管理，更是对航空港周边区域（即延伸区）的规划与发展，同时航空港也应注重与当地政府、航空公司之间的紧密联系。航空港综合管理可以从以下 3 个角度进行分析。

（1）引入现代运营收入模式。

前文提到，在这种模式下，航空港是作为以航空运输业务为主的大商业活动中心来筹划经营的，即航空港不仅为航空公司、旅客、货主等传统客户服务，同时服务对象还应包括航空公司雇员、当地居民、观光游客、当地工商企业等一切潜在顾客。航空港通过扩大服务对象、成片开发商业服务中心等方式，带动航空港及航空港周边地区的发展。

（2）加大政府财政扶持力度。

地方政府应支持本地航空港的发展，建立长期稳定的航空港投融资渠道。对于航空港经营亏损，应当像补贴市政公用事业一样给予航空港相应的补贴，保证航空港作为公共基础设施能够得到地方政府应有的财政扶持。

（3）吸引航空公司开通航线。

这里重点探讨中小航空港。我们知道，中小航空港的主要收入来自航空性收入（占全部收入的 90% 以上），各航空公司运力投放在航空港航线网络中，航线网络总量的大小决定航空港收入的多少。因此，航空港当局和当地政府应广泛拓展渠道，吸引航空公司开通航线，增加客流量。

我国航空港运营管理模式的构想框架，如图 6-13 所示。

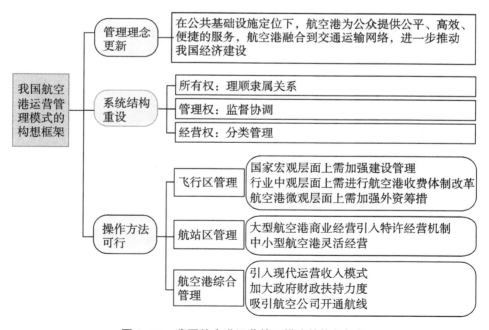

图 6-13　我国航空港运营管理模式的构想框架

6.6　本章小结

　　本章首先从航空港类型、主要利益相关者、运营管理重点和定位要素 4 个方面，进行了航空港运营管理模式定位剖析；其次，系统地介绍了国外航空港运营管理模式和总结了我国航空港运营管理模式发展历程；再次，从概念、特点等方面阐明了经营型航空港与管理型航空港的区别；最后，在以上研究的基础上，重点构建了我国航空港运营管理新模式，从管理理念更新、系统结构重设和操作方法可行 3 个维度提出了我国航空港运营管理模式的构想框架。

学术研讨

　　（1）结合所学知识，用 VISO 或其他软件绘制航空港运营管理新模式。要求：有自己的想法并提供合理的依据。

　　（2）根据所学基础知识，全面整理汇总经营型与管理型航空港管理模式的区别及其适用性等知识。

第 7 章

案例分析

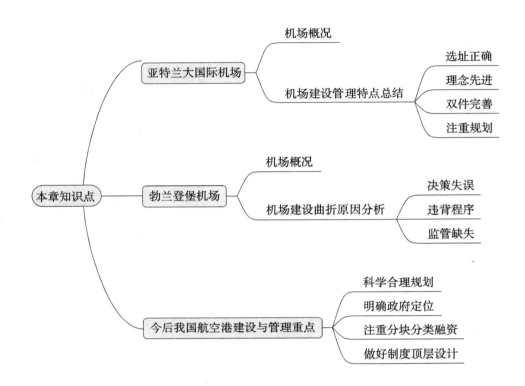

7.1　亚特兰大国际机场

7.1.1　机场概况

亚特兰大国际机场建立在美国亚特兰大市南区与佐治亚大学城相邻的地方，占地面积 $15km^2$，是目前全美最大的中枢机场，也是美国达美航空公司重要的基地枢纽机场，现有 23 家客运航空公司、34 家货运航空公司在该机场提供定期航班服务，航班辐射全球 190 个城市和地区。该机场目前属亚特兰大市政府所有，并由该市民航局负责管理运营。

亚特兰大国际机场是世界旅客转乘量最大、最繁忙的机场，机场邻近的市镇有福尔顿（Fulton）、凯尔顿（Clayton）等，而和亚特兰大连接的市镇除了大学城，还有东中心（East Point）、哈皮维利（Hapeville）等。该机场自 1978 年实施中枢运作以来，在中枢机场的建设、运营和管理方面积累了丰富的经验。由于承担着众多美国国内航线及欧洲、南美航线的起降任务，亚特兰大国际机场自 1998 年以来，一直拥有"全球最繁忙机场"头衔，其旅客吞吐量和飞机起降架次多年来稳居世界首位，目前仍保持增长态势。

7.1.2　机场建设管理特点总结

1. 选址正确

亚特兰大国际机场位于美国的中东部地区，地处美国北部城市群和南部城市群航线交叉地带，得天独厚的地理区位使其成为全美最大的客运中转枢纽。两小时内可以从亚特兰大到达美国 80% 的大都市区，美国 40% 的制造业公司距离亚特兰大不到 500 英里。

强大的旅客中转系统是该机场枢纽功能有效实现的重要保障。机场地下中转疏导系统连接主航站楼和 6 个候机大厅，系统道面长 5.6km，机场共设有 13 个车站，每个候机大厅地下至少设有一个车站，共有 4 辆小火车从早上 5 时到次日 2 时 30 分实行不间断运送，在机场任意一个车站，每两列火车间的等待时间只有大约 2 分钟，高峰时小火车每 110 秒到达一次，每小时运送旅客能力达 12.8 万人次。同时，该机场大量的人行步道和扶梯也为旅客的快速中转提供强大的辅助保障。

2. 理念先进

亚特兰大机场采用中枢理念结构进行旅客航站中心建设，旅客航站中心由主航站楼、T 型候机大厅以及 A、B、C、D 4 个独立的国内候机大厅及国际候机大厅（E 厅）组成。主航站楼及 6 个候机大厅之间由 1770m 长的地下运输大厅贯通。每个机位都安装了先进的飞机廊桥设备，旅客到达机场后，可利用高效的航班信息和旅客引导指示系统，通过地下运输大厅，在停靠于 6 个候机大厅的飞机之间方便地转机。机场航站中心共有 174 个可供目前几乎所有机型停靠的机位，其中国内航班机位 146 个，国际航班机位 28 个。

亚特兰大机场旅客航站中心构成及其具体功能介绍，见表 7-1。

表 7-1　亚特兰大机场旅客航站中心构成及其具体功能介绍

构成		具体功能介绍
主航站楼		面积 11 万平方米，为旅客提供票务、行李登记、安全检查、行李认领、地面运输及其他相关服务
候机大厅	T 型	6 个候机大厅在结构上相互独立，呈平行式排列，总面积 34 万平方米。大厅之间相距约 300m，布置相对集中，从结构和流程上大大缩短了旅客转机所需的时间
	国内	
	国际	

3. 双件完善

亚特兰大国际机场具有完善的机场功能和公正的竞争环境，即"双件完善"。机场现有 5 家油料公司、3 家地勤公司、5 家配餐公司，以及大量的机场服务供应商为该机场的航空公司提供各种服务。这种强大的机场保障服务，使航空公司在服务和保障方面拥有更多的选择权，使其提高了运作效率，降低了运作成本。亚特兰大国际机场完善的机场服务，见表 7-2。

表 7-2　亚特兰大国际机场完善的机场服务

机构名称	机场服务
佐治亚物流园区	为航空公司提供强大的物流源服务
特许专营店	为旅客提供餐饮、娱乐、购物等服务
机场地面运输中心	为旅客提供各种汽车租赁、大巴、穿梭巴士、出租车等服务
市政铁路快线系统	为旅客往返机场提供便捷的服务

亚特兰大国际机场为了进一步鼓励新的航空公司进入机场运营，并满足现有驻场航空公司的业务扩张需要，以促进各航空公司在机场的竞争，营造一个强劲的竞争环境，主要做了以下工作。

（1）努力提高资源使用效率。

所有航空公司对机位和值机柜台的使用采用平等共同使用的原则，而不论这些机位和柜台是由谁出资修建的；努力把长期租赁转变为优先使用的方法，以提高机场资源的使用效率。

（2）制定优惠的政策。

在收费政策、设施租赁和设施转租问题上，给予航空公司较大的优惠，鼓励新的航空公司进入机场运营，促进现有航空公司在机场的业务扩张。

（3）及时沟通，尊重对方。

确保对所有航空公司的需求做出及时、清晰的反应；在机场建设投资方面，征求并尊重驻场航空公司的需求。

4. 注重规划

为了确保亚特兰大机场能够适应未来航空运输业的发展，保持其全球机场业的领导地位，早在 2000 年，亚特兰大机场就制定了一项总耗资 54 亿美元的十年发展规划，主要包括以下内容：①新建 9000 英尺长的第五条跑道；②新建面积 100 万平方英尺的国际旅客航站楼；③新建联合汽车租赁中心；④新建南部国内旅客航站楼；⑤改建现有航站楼；⑥扩建飞行区跑道；⑦增加辅助设备设施。

亚特兰大机场建设管理经验总结，如图 7-1 所示。

图 7-1　亚特兰大机场建设管理经验总结

7.2　勃兰登堡机场

7.2.1　机场概况

柏林勃兰登堡机场又名维利·勃兰特机场，位于德意志联邦共和国勃兰登堡州舍讷费尔德，北距柏林市中心 18km，为 4F 级国际机场、大型枢纽机场。机场总占地面积 1470 万平方米，设有 T1 航站楼、T2 航站楼，有 2 条跑道，长宽分别为长 3600m、宽 45m，长 4000m、宽 60m。

7.2.2 机场建设曲折原因分析

勃兰登堡机场历经三十多年终于建成投入使用，漫长而又曲折的历程在航空港发展历史上甚为罕见，如图 7-2 所示。

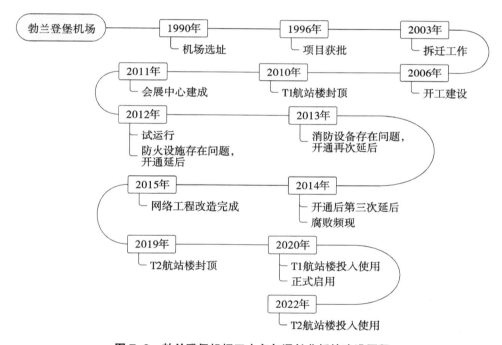

图 7-2 勃兰登堡机场三十多年漫长曲折的建设历程

1. 决策失误

两德统一后，柏林筹划建设一个超大型枢纽机场，即勃兰登堡机场，经过 15 年的规划，2006 年该机场终于开工建设。预计机场投入使用后就关闭柏林周边地区规模小、设施陈旧的 3 座小型机场，即舍内费尔德机场、泰格尔机场和柏林 –

滕佩尔霍夫机场，所有航班转入勃兰登堡机场运营。在勃兰登堡机场开工不久后，政府部门先行关闭柏林－滕佩尔霍夫机场，导致附近居民出行困难，这是决策失误之一。

决策失误之二体现在市场调查不全面，定位错误。柏林消费能力相对较低，本地的商务旅行市场很小，高端的舱位旅行需求较低，尤其是远程航班市场。航空公司几乎不能在实现商业盈利的情况下把柏林变成超大型枢纽。

2. 违背程序

勃兰登堡机场是一个超级工程，前期的规划设计极其重要。然而，负责勃兰登堡机场的规划公司几经变更，严重影响了建设进度。三次延期投用的主要原因在于设计建设违背项目程序，存在设计缺陷、违规操作、质量不合格等问题。

其一，勃兰登堡机场的消防和报警系统并没有按照施工许可证建造，原本设计的火灾排烟系统无法发挥应有作用，使其无法通过验收。

其二，通电线路过热、扶梯太短、天花板有严重的结构问题，机场所用电缆铺设错误，电梯过短、门牌编号错误、天花板结构超重、机场跑道设计失误等。

其三，已经建成的 2 号航站楼被发现有 250 处"小问题"，一部分墙体和地面不得不拆掉重新建设。

3. 监管缺失

在勃兰登堡机场建设过程中，德国联邦政府监管缺失，导致问题频发。主要表现在两个方面：一方面是效率低下。由于项目牵涉德国两个不同的联邦州，所以该机场也成为各层政客角力的场所，推诿扯皮的事情颇多；另一方面是成本超支。勃兰登堡机场的预算初定 17 亿欧元，后来一增再增，突破了 65 亿欧元。

由于决策失误、违背程序和监管缺失这 3 个主要问题是导致勃兰登堡机场建设曲折的原因。

7.3 今后我国航空港建设与管理重点

未来 10 ～ 20 年，我国航空港建设发展势头迅猛，新一轮的发展需要沉思，结合成功与失败的实践案例，在今后航空港建设管理中，应着重把握以下几个方面。

1. 科学合理规划

航空港建设要有科学的决策、适宜的规划。根据城市的规模和未来发展的需要，确定选址，规划适宜的功能和规模，做到效率与质量优先。尤其要在整个社会和经济发展的大背景下寻找自身恰当的位置，综合考量和平衡相关因素。具有一定的超前性、可扩展性和科学性的规划，是未来航空港健康发展的前提条件。

由于近年来我国航空性业务量高速提升，因此一般在项目立项时，要适当超前考虑业务吞吐量。在航空港建设时，各地航空港的业务发展速度不同，不能照本宣科，需要结合本地区实际情况考虑未来的发展趋势。也就是说，航空港建设应按照区域发展规划总要求，结合当地经济发展水平和实力、人流货流增长态势以及未来的发展潜力等状况，合理地规划航空港的建设规模和时序安排，达到适度超前和合理匹配。本书主张航空港建设"适度超前"，而非"过度超前"。

因此，激进和保守需要有一个平衡点，如何做到科学、合理、适度超前的规划，需要政府主管部门、规划设计单位和投资建设单位具备全面的宏观统筹思考能力，科学的分析评估能力。

2. 明确政府定位

航空港不仅是一个完善地区交通体系的重要基础设施，具有很强的公益性，而且由于航空港涉及公共安全，国家对航空港的管制也不能完全放开。正因如此，当航空港不能持续经营时，政府为维持其经营，只能给予补贴或其他优惠政策（这点尤其体现在支线航空港上）。所以，与其让航空港背负沉重的债务负担，经营不下去时才给予投入，还不如在建设初期就进行合理投资，让航空港建成后能进入良性发展轨道，减少财政的后期投入，而且还可以通过上缴税费的形式收回财政投入。

另外，航空港建设应警惕地方政府非理性投资。诚然，航空港建设对地方经济的拉动作用较大，但整体来看我国航空港的基础密度仍然不足。但是应该警惕非理性投资，具体表现：①把航空港当成政绩工程、面子工程，盲目做大，导致供需严重失衡，资源浪费；②各地政府为了争取国家基础设施投资，相互攀比，恶性竞争。比如在发达地区城市群内诸多城市不断新建各自的航空港，而不是共享已建的航空港资源；中西部部分地区竞相建设超越实际需求的支线航空港。

3. 注重分块分类融资

在今后航空港投资建设中，实施"纵向分块、横向分类"融资策略。

（1）纵向分块。

纵向分块融资策略，见表7-3。

表7-3　纵向分块融资策略

功能区	性质	融资选择
飞行区	非经营性项目	政府投资；组建新的航空公司；发行市政债券等
航站区	准经营性项目	股份制；吸引民间资本等
延伸区	经营性项目	市场化；出售特许经营权等

（2）横向分类。

横向分类融资策略，见表7-4。

表 7-4　横向分类融资策略

类型	融资方式	实例
枢纽航空港	上市融资；多元化融资方式（BOT、BT 和 TOT 等）；政府支持	北京大兴国际机场
干线航空港	引进合适的战略投资者；政府支持，争取上市	新郑国际机场 长沙黄花机场
支线航空港	加大政府支持力度；实施统一管理；积极合作	长白山机场

同时，加强投资监管体系构建。一方面，建立投资监管法律法规体系，使政府投资监管沿着法治的轨道发展。具体来看，应全面落实民用航空港建设的全过程监督管理体系，除了需要健全监管体系，明确监管主体及职责、理顺监管流程外，还需要建立、完善相关法规制度。以完善的法律法规体系来推进政府投资的监管，用法管权、法管人、法管事，建立健全政府投资的法律风险防范体系。

另一方面，建立基于全寿命周期航空港建设的投资监管体系。具体来看，该投资监管体系涵盖宏观调控管理、建设决策管理、计划控制管理、资金拨付管理、建设过程管理、后续审计考核管理等方面，在监管工程中，切实以"工程"和"资金"为准绳，挖掘控制点，采用恰当的监管方式方法，并将全过程动态跟踪审计贯穿始终，以期取得最佳的监管效果。

4. 做好制度顶层设计

在今后的航空港建设与管理中，应做好制度顶层设计。一方面，国家立法部门应尽快建立和逐步完善基础设施建设投资和管理相关法律法规，尤其是在航空港特许经营模式中，明确建设管理各方的权利与义务，保障其应得的利益，调动各方的积极性；另一方面，应构建完善规范的建设管理平台，以"法人治理结构完善、责任主体清晰、操作程序规范"等为指导，以完善的制度和高效的服务吸引全社会资本参与航空港建设和管理。

同时，注重优化临空经济的发展环境，重点应把握以下三方面内容：首先，应加强政府服务，简化行政审批手续，推进电子政务建设，从而提高政府的服务效率；其次，应加强信息技术平台建设，充分利用先进数据库（Data Warehouse，DW）、电子订货系统（Electronic Ordering System, EOS）、企业资源计划（Enterprise Resource Planning，EPR）等技术，完善航空港物流信息系统；最后，应完善中介咨询相关服务，在航空港区积极引进会计、法律、银行、保险和评估等中介机构，为其发展提供全方位的服务。

图 7-3 为今后 10 ～ 20 年我国航空港建设应注意的事项。

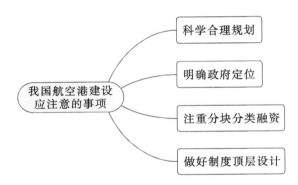

图 7-3　我国航空港建设应注意的事项

7.4　本章小结

本章主要进行案例分析，汇总整理了航空港建设与管理的经验与教训。首先，系统分析了美国亚特兰大机场在规划建设和管理方面的成功经验；其次，全面剖析了勃兰登堡机场长达三十多年建设周期的原因；最后，在上述研究的基础上，提出今后航空港建设管理应重点把握科学合理规划、明确政府定位、注重分块分类融资和做好制度顶层设计 4 个关键内容。

学术研讨

　　结合所学知识，在高质量发展引导下，全面梳理今后郑州航空港经济综合实验区发展方向。

参考文献

［1］Gold B. P., Marks A T., Massa M L.. Privatization and financing of airport development and expansion projects［J］. The Journal of Structured Finance，2000，6（1）：47-60.

［2］Bray D., Sayeg P.. Private sector involvement in urban rail：Experience and lessons from South East Asia［J］. Research in Transportation Economics，2013，39（1）：191-201.

［3］Mathur S.. Sale of development rights to fund public transportation projects：Insights from Rajkot，India，BRTS project［J］. Habitat International，2015，50：234-239.

［4］生颖洁.我国民用机场融资模式研究［D］.天津：中国民航大学，2006.

［5］孙久文，李川.中国空港经济区建设的融资路径研究［J］.城市观察，2013（2）：17-24+16.

［6］沈兰成，刘翔宇.机场投融资中的PPP模式［J］.中国金融，2015（15）：32-33.

［7］刘亚伟.我国民用机场建设的融资策略研究［D］.北京：对外经济贸易大学，2016：10-15.

［8］沈兰成.PPP中的产权问题——以我国民用机场建设为例［J］.中国金融，2017（8）：56-58.

［9］符平宏.我国机场投融资现状分析及对策建议［J］.经贸实践，2018（19）：133.

［10］张春霞，乔博.宏观经济调控政策下的企业投融资行为决策机制［J］.社会科学家，2021（12）：100-106+112.

［11］R.R. Pacheco，E. Fernandes. Managerial efficiency of Brazilian airports［J］. Transportation Research Part A，2003，37（8）：125–132.

［12］张越，胡华清.基于 Malmquist 生产力指数的我国民用机场运营效率分析［J］.系统工程，2006（12）：40–45.

［13］都业富，朱新华，冯敏.DEA 方法在中国民用机场评价中的应用研究［J］.中国民航学院学报，2006（6）：46–49.

［14］杨秀云，朱贻宁.中国机场业的技术效率及其影响因素［J］.产业经济评论，2013，12（1）：104–121.

［15］徐爱庆，陈欣，朱金福.基于动态网络 DEA 模型的机场绩效研究［J］.数学的实践与认识，2015，45（22）：65–73.

［16］华何，陆燕楠，吴薇薇，等.考虑碳排放的长三角机场运营效率研究［J］.哈尔滨商业大学学报（自然科学版），2022，38（5）：625–632.

［17］McKinley Conway H. The Airport City：Development Concepts for the 21st Century［M］. Atlanta, Ga：Conway Publications，1980.

［18］Kasarda J D.. Shopping in the Airport City and Aerotropolis：New Retail Destinations in the Aviation Century［J］. Research Review，2008，15（2）：50–56.

［19］张蕾，陈雯.国内外空港经济研究进展及其启示［J］.人文地理.2012，（6）：13–18+136.

［20］谭淑霞，逯宇铎，雒园园.国内外临空经济研究综述［J］.科技管理研究，2012（8）：218–222.

［21］龚峰，冯智贵.国内外临空经济研究综述［J］.物流工程与管理，2012（3）：154–157.

［22］曹允春.临空经济发展的关键要素、模式及演进机制分析［J］.城市观察，2013（2）：5–16.

［23］马亚华，杨凡.空港与中国城市经济增长：一个长期因果关系检验［J］.热带地理，2013，33（6）：711–719.

［24］高友才，汤凯.临空经济与区域经济阶段性耦合发展研究［J］.经济体制改革，2017（6）：66-72.

［25］解冰玉，李璐.临空经济对区域经济发展的实证研究——基于中部六省面板数据［J］.河南科技大学学报（社会科学版），2018（3）：95-101.

［26］马同光，齐兰.中国临空经济发展影响因素研究——基于地区面板数据的实证分析［J］.宏观经济研究，2018（4）：97-109.

［27］曹允春，张雅卓，朱慧玲.地理大数据视角下临空经济区产业空间分异特征与驱动因素——以首都机场临空经济示范区为例［J］.综合运输，2022，44（11）：3-11+68.

［28］Sun X，Wandelt S，Zhang A.. How did COVID-19 impact air transportation? A first peek through the lens of complex networks［J］.Journal of Air Transport Management，2020，89：101928.

［29］Serrano F.，Kazda A.. The future of airports post COVID-19［J］. Journal of Air Transport Management，2020，89：101900.

［30］褚春超，翁燕珍，葛灵志，等.新冠肺炎疫情对交通基础设施投融资的影响及应对策略［J］.交通运输研究，2020，6（1）：50-57.

［31］胡进.后疫情时代国际航空运输新趋势及其应对策略［J］.空运商务，2020（5）：4-7.

［32］徐淑红.空港建设投融资与管理研究［M］.北京：清华大学出版社，2015.

［33］E.S.萨瓦斯.民营化与公私部门的伙伴关系［M］.周志忍，等，译.北京：中国人民大学出版社，2002：6；127.

［34］乐云，胡毅，陈建国，等.从复杂项目管理到复杂系统管理：北京大兴国际机场工程进度管理实践［J］.管理世界，2022，38（3）：212-228.

［35］徐芳.项目融资在中国机场项目的应用研究——以昆明新国际机场一期项目BOT融资为例［J］.时代金融，2010（6）：75-77.

［36］杨秀娟.兰州中川国际机场非航空性业务发展战略研究［D］.兰州：兰州大学硕士论文，2022：36-56.

［37］朱志强.黄花机场飞行区东扩项目融资策略研究［D］.长沙：湖南大学硕士论文，2013：29-54.

［38］南宇峰，杨省贵.支线机场规划设计有关问题与对策研究——以洛阳北郊机场为例［J］.交通企业管理，2012（1）：64-66.

［39］吴涛.我国支线机场建设融资模式与运营方式研究［D］.长春：吉林大学硕士论文，2009：47-52.

［40］张璇.孟菲斯国际机场快速崛起发展经验研究［J］.商，2015（36）：256.

［41］李朋.法兰克福机场货运枢纽发展成功之道［J］.交通企业管理，2017（1）：104-106.

［42］赵月华.仁川航空城或航空大都市发展战略［N］.航空思想高地，2017-02-26.

［43］汤新星，欧阳国辉.视觉管理中情感因素的探究——以荷兰阿姆斯特丹史基浦机场为例［J］.中外建筑，2015（12）：38-41.

［44］顾燕平.国际机场PPP模式应用概述［J］.承包商会，2010.12.02.

［45］陈林.PPP模式在机场建设中的应用［J］.中国民用航空，2005（5）：72-73.

［46］艾刚.以特许经营促进机场投资多元化［J］.当代经济，2014（4）：52-53.

［47］任新惠，孙启玲.机场相关利益者关系梳理［J］.科技管理研究，2011，31（18）：184-187.

［48］王景霞，代少勇.我国机场航空性业务发展分析［J］.民航管理，2022（7）：38-43.

［49］文静.论机场非航空性业务［J］.统计与管理，2014（2）：138-139.

［50］谭庭状，廖俊国.大型机场运营管理模式转型探讨［J］.中国民用航空，2007，3（75）：29-34.

［51］唐琮沅，吴桂先.浅析我国民航机场业的管理模式［J］.交通企业管理，2008，23（4）：61-62.

［52］陈力畅，崔怿.关于我国大中型机场特许经营模式选择探讨［J］.空运商务2014（9）：43-47+54.